南川 明

IoT最強国家ニッポン

日本企業が4つの主要技術を支配する時代

講談社+α新書

まえがき——ＩｏＴで削減される年間三六〇兆円の行き先

私が日本調査部ディレクターを務めるＩＨＳマークイットは、世界最大規模の市場調査・コンサルティング企業です。その顧客は、世界の代表的企業を示す「フォーチュン５００」のうちの約八〇％、錚々たる大企業を担当させていただいております。本書では、こうした業務の成果から得た知見をもとに、「日本復活の必然」を示していきます。

さて、「一年間に全世界で三六〇兆円分の無駄が削減できる」といわれても、いまいちピンと来ないかもしれません。しかし、「三六〇兆円ものお金が儲かる産業が誕生する」といわれたら、興味を抱く人は少なくないでしょう。では、「削減した三六〇兆円が私たちのものになる」といわれたらどうでしょうか。さらに多くの人が興味を抱くはずです。

この新しい産業によって三六〇兆円の無駄が削減できれば、企業の儲けは確実に増えます。すると、社員の給料や賞与に跳ね返ってきたり、あるいはサービスのコストが削減されたりすることになるでしょう。たとえば製造業なら、工場で働く人たちの給料が上がる一方で、製品の価格が下がることが期待できるわけです。当然、消費者にも恩恵があるのです。

パソコンやスマートフォン（以下スマホ）などの情報通信機器を中心とするエレクトロニクス産業は、どんどん進化を続けています。以前は日本企業も、この産業のなかで、大きな存在感を放っていました。産業用であれ、民生品であれ、とにかく「メイド・イン・ジャパン」は強かったのです。

しかし近年は、日本よりも安い人件費で生産ができる中国や韓国、あるいは台湾などの企業に押され気味です。日本企業の地位は失墜したのです。

もちろん、日本には世界に誇る企業や技術がたくさんあります。ただ、その企業や技術が世界のニーズに対応していたかといえば、残念ながら答えはノーでした。

とはいえ、悲観する必要はありません。先述した通り、いま日本を復活させる産業が誕生しようとしているのですから。その産業とは、ずばり「ＩｏＴ」です。

ＩｏＴの技術は、無駄を徹底的に削減する世の中を作ります。日本がこの技術を磨き、製品化して世界に売っていくことで、結果的に年間三六〇兆円ものお金を世界中の企業に与え、巨大な新産業の誕生をサポートすることになるのです。

ＩｏＴとは「Internet of Things」の頭文字を取った言葉です。直訳すると「モノのインターネット」。分かりやすくいえば、「身の回りのモノがインターネットにつながる」というシステムを指します。

近年、自動車の電装化が進み、車をインターネットにつなげる動きが活発になっています。これは自動車に限った話ではなく、今後はテレビや冷蔵庫、あるいは給湯器など、あらゆる製品に採用されていくことでしょう。要するに、自分の家にあるすべての家電、工場にあるすべての機械がＩｏＴ化されて、インターネットにつながるのです。

このＩｏＴの技術は、いま世界から大きな注目を浴びています。その理由は、ＩｏＴ化によって世界の国々が直面している問題が解決されるのではないかと、大きな期待が寄せられているから。その問題とは以下の三つのメガトレンドです。

①人口増加
②高齢化（特に先進国）

③都市への人口集中

これらの問題が表面化してから久しいのですが、いまだにまったく改善されていません。さらに深刻なのは、これらがエネルギー不足や資源不足や医療費増加、そして環境破壊や交通渋滞など、新たな問題を作り出していることです。

これまでの電子機器や「ＩＣＴ」と呼ばれる技術は、私たちの生活や仕事を効率化してくれました。ちなみにＩＣＴとは「Information and Communication Technology」の略で、「情報通信技術」を意味します。

そして各メーカーは、ＩＣＴ関連の電子機器を大量に販売して利益を上げることを目的としてきました。私たちも電子機器を購入することで、便利で豊かな生活を手に入れることができました。しかし、こうした電子機器が普及すると、電力を際限なく使うことになります。すると、資源を食い尽くす可能性が出てきました。

一方ＩｏＴは、簡単にいえば、これまでの大量生産・大量消費で無駄にしてきたエネルギー、そして資源を有効に活用することを目的とした技術です。これまでのような大量生産・大量消費のビジネスモデルとは違った、エコ社会を創出してくれるのです。そのため各メーカーは、いままでとは違うビジネスモデルを追求することになります。

最近では「ＳＤＧｓ（Sustainable Development Goals：持続可能な開発目標）」が注目されています。ＳＤＧｓは、国連加盟一九三ヵ国が二〇一六年から二〇三〇年までの一五年間で達成するために掲げた目標で、二〇一五年九月の国連サミットで採択されました。これを実現するために、各国の企業は新たなビジネスモデルを導入することが求められるようになります。

また近年、先進国を中心に、ＩｏＴの技術を使って人類が直面している問題を解決しようという研究が進んでいます。たとえば、収集したビッグデータを分析する取り組み。ビッグデータとは、インターネット上で収集できる膨大（ぼうだい）な量のデータのことです。

ＩｏＴの技術を駆使して様々なビッグデータを集めて分析し、人口増加、高齢化、都市への人口集中の問題をすべて解決していく——そうした取り組みを進める先進国が増えているため、ＩｏＴはどんどん普及しているのです。また、この動きを推進させようと、優遇税制や省エネ規制を設ける国もあります。

二〇一三年の時点で省エネ政策を採っている国は六ヵ国のみでしたが、現在はアメリカ、イギリス、ドイツ、中国、日本など、主要国の大半は省エネ政策を導入しています。

また補助金などの優遇制度も導入しています。これは、世界中の国々が省エネ政策を推進しなければならないと考えている証左といえるでしょう。ＩｏＴの技術を活用して推進しようとしているわけです。

ＩｏＴに力を入れ始めているのは国だけではありません。民間企業も同様です。なぜならＩｏＴは、「確実に儲かる」産業だからです。

先述の三つの問題に直面しているのは、日本も例外ではありません。年々、深刻な状況になっています。

日本では人口の増加は止まり、減少が始まりました。しかも、減っているのは働き手となる若者ばかり。一方、六五歳以上の高齢者の人口は増加しています。

このように、日本は世界で最も高齢化が進んだ国です。さらに東京への一極集中が進み、地方では人口が減少しています。しかし、だからといって悲観する必要はありません。この状況はピンチであると同時にチャンスなのです。いま直面している問題を解決することができたら、その解決策を世界に売り込むことができます。

たとえば、超高齢社会ゆえに最先端の介護ロボットを開発・製造していけば、それを将来、高齢化に悩む世界の国々に売ることができます。このようにして、先述の三つの問題を解決することを目的としたＩｏＴ製品を造り、それを世界で売っていくという、大きなチャンスが到来しているといえるのです。

さて、ＩｏＴが普及すると、私たちの暮らしはどう変わるのでしょうか。一ついえるのは、世の中が、確実に、より便利になることです。これまでのライフスタイルが激変することになるでしょう。

詳細は第二章で述べますが、たとえば私たちは、毎日スーパーマーケットに買い物に行く必要がなくなります。ＩｏＴ化されたテレビや冷蔵庫を使って食材を注文すれば、地域によってはその日のうちに新鮮な食材がドローンで届くようになるからです。

また、ＩｏＴで変わるのは企業も同様。化学工業や建設業などの現場で使われる産業機器は、どんどんＩｏＴ化されます。すると、ものづくりの自動化が進み、さらに産業機器がインターネットにつながることで、これまで扱えなかったビッグデータを扱えるようにもなるのです。

では、ものづくりの現場にある産業機器がビッグデータを扱えるようになると、いったいどんな恩恵があるのでしょうか？　過去のデータと照らし合わせて、より効率的な工場を建て、さらに効率的な工程で生産することが可能になります。巷（ちまた）で「スマートファクトリー」と呼ばれる工場を、どんどん建てることができるようになるのです。

このスマートファクトリーでは、事故や機械の故障で生産が止まることのないよう、IoTの技術を使って不具合を事前に察知します。工場内のすべての機器にセンサーを装着し、異常な振動や動作、物音などを探知するのです。

こうして「この機械はそろそろ故障する」と事前に分かれば、壊れる前に部品を交換することができます。すると、生産量は上がります。企業にとっては大きなメリットとなるでしょう。

当然、ビッグデータは他の分野にも活用することができます。交通機関や医療現場、あるいは農業で活用すれば、スマートな交通、スマートな治療、スマートな収穫が実現するのです。

たとえば農業では、センサーによる省エネ化が進んでいます。大地にセンサーを埋め込んで土壌の状態を監視し、肥料や水の量をエリアごとに細かく管理することで、作物に与える肥料や水の量をそれまでの半分以下に抑えています。また今後は、センサーを付けたドローンが広大な農地を定期的に管理したり、あるいはさらに広域を衛星から監視したりすることも可能となるでしょう。

このようなＩｏＴ産業は、これまで世界を席捲してきたパソコンやスマホなどのエレクトロニクス産業とはまったくの別物です。パソコンやスマホは、基本的に、個人あるいは企業が所有するもの。一方のＩｏＴ製品は個人で所有するものではなく、他者とシェアしたり、自分のニーズに合わせて使ったり、あるいは自分好みにカスタマイズして使うものなのです。

つまり、所有ではなく利用する――これがエレクトロニクス産業とＩｏＴ産業の最も大きな違いです。

だからこそ、日本にとってＩｏＴは「チャンス到来」といえます。なぜなら日本には、カスタマイズを得意とする企業が数多く存在するからです。

加えて、ＩｏＴ製品を構成する四つの要素、すなわち「レガシー半導体」「電子部品」「モーター」「電子素材」すべてを生産できる国は日本だけです。世界に先駆けて「第四次産業革命」を提唱し、二〇一一年にはＩｏＴを使った製造業の革新「インダストリー4・0」（第二章で詳述）を提唱したドイツでさえ、この四分野をすべてカバーしきれていいません。

実際、二〇一九年七月には日本が韓国に対する輸出規制の強化を打ち出しましたが、その対象たる「フッ化ポリイミド」「レジスト」「フッ化水素」の電子素材でも、日本が圧倒的なシェアを誇っています。それゆえ、韓国経済を引っ張るサムスン電子やＳＫハイニックスで半導体の製造が危ぶまれるようになり、韓国政府も大慌てで日本に措置の停止を申し入れてきたのです。

エレクトロニクス産業で、バブル崩壊以降、日本企業は敗退を重ねてきました。半導体やテレビは、その最たる例でしょう。しかし、ＩｏＴには勝機がある。その点について本書では詳しく解説していきます。

また、ＩｏＴの普及によって、どのような世の中になるのか――夢が膨らむ話をたくさん盛り込みました。本書によって、読者の皆さまが日本の力や技術を誇らしく感じ、未来に希望を抱いてくださったら、私にとってこれ以上の幸せはありません。

目次◉ＩｏＴ最強国家ニッポン　日本企業が４つの主要技術を支配する時代

まえがき――ＩｏＴで削減される年間三六〇兆円の行き先　3

第一章　ＩｏＴで生まれる巨大市場

第二章　産業の主役が変わる！

第三章　中国はなぜＩｏＴ大国を目指すのか

第四章　ＩｏＴ「四つの神器」

第五章　ＩｏＴで激変する社会

第六章　革命を起こす日本のＩｏＴ企業群

第一章　ＩｏＴで生まれる巨大市場

パソコンやスマホの時代の終焉

ＩｏＴを語る前に、まずはエレクトロニクス産業の現状について解説していきます。

この二〇年、エレクトロニクス産業をリードしてきたパソコン、タブレット、スマホは、各メーカーから新製品が発売されるたびに大きな話題になっています。しかし近年は、どれも売り上げ台数の伸びが鈍化しています。これらの製品は、世界の産業を牽引(けんいん)する役目をすでに終えており、この先、長期的な成長は望めません。

たとえばスマホ。世界の人口は約七七億人（国連の世界人口推計二〇一九年版）なので、そのうちスマホを所有できる人口を幼児を除いた六〇億人としましょう。そしてスマホを買い替えるサイクルを三年として、単純に六〇億人を三年で割ってみると、年間出荷台数は二〇億台です。ところが、すでにスマホの生産台数は年間一八億台を超えており、今後この生産台数が飛躍的に伸びることはないといえるでしょう。

一方、自動車や産業機器は、まだインターネットにつながっていないものがほとんどですから、ＩｏＴ化による目覚ましい変化が起こるでしょう。そうして自動車や産業機器がＩｏＴ化されると、自動運転や、工場の無人化・自動化による製造コストの削減が、大きく進みます。

当然、自動車や産業機器のＩｏＴ化に合わせた半導体が求められるようになります。これまで半導体は、パソコン、タブレット、スマホのキーデバイスとして使われてきましたが、今後はＩｏＴ化のキーデバイスとして大きな需要が見込まれています。

所有から共有の時代に

ＩｏＴはもう一つ大きな変化を生み出します。これまでの電子機器は、個人や企業が所有するものが大半でした。私たちの生活に照らし合わせてみると、赤の他人とパソコンやスマホをシェアすることはありませんでした。

しかしＩｏＴは、電子機器をインターネットにつなげて利用することを前提とした市場です。このとき私たちは、電子機器を所有するのではなく、共有する時代に突入していくことになります。

自動車が良い例です。現在、カーシェアリングが普及しつつあるものの、自動車は基本的には個人や企業が所有するものです。しかし、今後は自動運転技術の向上などによって、シェアの割合が増加していくことになると思います。これについては第二章で詳しく説明します。

共有の時代になるのは産業機器も同様です。特に高価で稼働率の低い機器は、企業間でシェアするのが一般的になっていくでしょう。

家電にも共有できるものがあります。大型オーブン、電気式バーベキューセット、絨毯クリーナー、高圧洗浄機など、滅多に使わない製品をシェアするようになっていくはずです。

エレクトロニクスの三大潮流

今後のエレクトロニクス産業には、以下の三つの流れが生まれるのではないかと予測しています。

①ＩｏＴのさらなる成長
②ＡＩチップ開発の加速
③新メモリの時代到来

まずは①の「ＩｏＴのさらなる成長」についてです。これまでエレクトロニクス市場をリードしてきたパソコンやスマホは、私たちの生活を便利にし、仕事の生産性をアップさせ、そこに成長の要因がありました。しかし、ＩｏＴが成長するであろう最大の要因は、先述の三つのメガトレンド、すなわち「人口増加」「高齢化」「都市への人口集中」が引き起こす問題を解決する点にあります。

ＩｏＴ化が進むと、企業や社会には大きな削減効果が生まれます。そうしてこの三つの問題を解決することで浮いたお金が、すべて私たちに還元されるのです。

また世界は、温暖化、水不足、食料不足、環境破壊に向かっています。これらの問題を解決するにも、ＩｏＴを駆使してスマート社会を構築する必要があります。だから世界の先進国は政策を策定し、ＩｏＴを導入しようとしているのです。

なお、②の「ＡＩチップ開発の加速」と③の「新メモリの時代到来」については、第二章で解説します。

二〇五七年に人口は一〇〇億突破

では、先述の三つのメガトレンドについて詳しく解説していきましょう。

一八世紀半ばから一九世紀にかけて起きた産業革命以降、世界の人口は増加のペースを上げました。一九〇〇年に約一六億人だった人口は、五〇年後の一九五〇年に約二五億人になり、一九九八年には約六〇億人に急増。そして国際連合（国連）の発表によれば、二〇一一年には七〇億人を突破……二〇四〇年には九〇億人、二〇五七年には一〇〇億人を突破するだろうと予測されています。

人口増加は、資源不足や環境破壊、そして電力不足を引き起こす主な原因になっています。

国連が二〇一二年に発表した報告書では、世界で急増する人口の需要を満たすのに十分な食料、水、エネルギーを確保するための時間がなくなりつつあるとしています。また、今後は約三〇億人が貧困化するとも警告しています。

世界の人口の急増と新興国の発展で、中間所得者層はこの先二〇年間で約三〇億人増えるとの予測もあり、資源に対する需要は爆発的に拡大することが確実です。二〇三〇年には二〇一〇年比で、食料は五〇%、エネルギーは四五%、水は三〇%多く必要になると試算されているのです。つまり国連の警告通り、様々なものが不足していく事態は避けられそうにありません。

先進国を襲う高齢化の原因

世界の先進国は高齢化の問題にも直面しています。

六五歳以上の人が総人口に占める割合のことを高齢化率といい、これが七%を超えると高齢化社会、一四%を超えると高齢社会、二一%を超えると超高齢社会になります。

日本は一九七〇年に高齢化率が七%を超え、一九九五年には一四%、二〇〇五年には二〇%を突破しました。今後も高齢者は急速に増え続け、二〇二五年には三〇・〇%、二〇五〇年には三七・七%に達すると見込まれています。日本人の約三人に一人が六五歳以上という、超超高齢社会になるのです。

日本以外の先進国も、ほぼ同じ道をたどっています。そのため日本の高齢化は、世界から注目されています。ちなみに中国は、一九七九年に導入された一人っ子政策の影響で、二〇三〇年ごろには日本に次ぐ第二の高齢化国家になると予想されています。

さて、社会が高齢化する原因は三つあります。

①　医療の進歩

先進国の高齢化が進んでいる理由は、医療技術が進歩したことにあります。高齢化社会といわれる前の日本では、それほど医療技術が進歩しておらず、長生きできる環境ではありませんでした。

②保険制度の充実

日本では健康保険に入ることが義務付けられています。そのため、誰でも気軽に病院に行き、診療を受けることができます。それもまた、平均寿命が長くなっている大きな理由です。

③出生率の低下

出生率の低下の原因としては、景気の悪化や賃金格差、少子化対策の遅れなどが挙げられます。最近では韓国の出生率低下が報道されており、社会が高齢化するスピードは、日本以上に加速しています。

高齢者が増加すると、年金、医療費、介護費、生活保護費に多くの費用が必要になります。このような費用を支えているのは本人負担や保険料や税金。そのため高齢者が増えるにつれ、国民が負担する費用や税金はどんどん増えていきます。

全米の渋滞で年三四兆円が無駄に

世界的に都市部の人口は増える一方で、地方の過疎化は深刻な状況にあります。これは先進国に限った話ではなく、世界的な現象なのです。

都市部に住む人口の割合は、先進国ではすでに二〇一〇年の時点で七〇％から八〇％に達しており、国連によれば、二〇五〇年にはアジアで六五％、アフリカで六〇％近くにまで達するとされています。

これに伴い深刻になってきたのが、都市部の環境の悪化や交通渋滞です。

たとえば、都市部の気温が周辺地域に比べて異常な高温になる「ヒートアイランド現象」は、都市化による環境問題の代表例です。この現象は、埼玉県環境科学国際センターのウェブサイトによると、一九世紀にはすでにロンドンやパリで発生していたそうですが、近年はより深刻になっています。

原因としては、都市化による緑地や水辺（みずべ）の減少、交通機関や冷暖房による発熱源の集中、コンクリートの建造物やアスファルト舗装など熱容量の大きい都市構造、などが挙げられます。

ヒートアイランド現象が進行してしまうと、都市部だけではなく周辺エリアにも影響が及び、気温の上昇や突然の雷雨など異常気象が発生する可能性が高くなります。

さらに交通渋滞も都市化で生じる大きな問題。たとえば「フォーブスジャパン」によれば、全米のドライバーが渋滞で無駄にしている時間や燃料を換算した金額は、年間三〇〇〇億ドル（約三四兆円）にも上るとしています。

以上のように、世界はいま、「人口増加」「高齢化」「都市への人口集中」という三つのメガトレンドに直面しています。これらはいずれも、人類の存続を脅かすものばかりです。ゆえに早急な解決が求められており、その対策としてＩｏＴに大きな期待が寄せられているのです。

ＥＵの三つの省エネ政策とは

世界が注目するこのＩｏＴは、すでに存在している製品をインターネットにつなげることで新たなサービスを作ったり、効率的な社会を構築したり、あるいはエネルギーを削減したりすることを目的としています。もちろん、それによって個人や企業は、利益を上げることができます。

しかし国家、あるいは人類の観点からは、「迫りつつあるエネルギー不足を乗り越える」という意志が重要になるでしょう。これについては一刻も早く対処しなければなりません。先進国がＩｏＴに力を入れ始めているのも先述の通りです。

たとえばＥＵ（欧州連合）は経済戦略「欧州２０２０」を掲げ、気候変動やエネルギー問題に対する取り組みとして、以下の三つの目標を定めています。

①二〇二〇年までに温室効果ガスを一九九〇年比で二〇％削減する
②最終エネルギー消費のうち再生可能エネルギーの比率を、二〇二〇年までに二〇％に引き上げる
③エネルギー効率を二〇二〇年までに二〇％向上させる

ＥＵはこの三つの目標を達成するために様々な規制を導入し、スマート社会を構築しようと試みています。

こうした取り組みはヨーロッパに限ったことではありません。二〇一六年には世界三位の一次エネルギー消費国であるインドが、二〇三〇年までに温室効果ガス排出量を、二〇〇五年比でGDP当たり三三％から三五％削減するという自主目標を掲げています。

一方、エネルギー消費と温室効果ガス排出量が世界一の中国は、本音と建て前を使い分けています。

まず建て前として「大気中に存在する温室効果ガスの七〇％から八〇％は先進国が発生源で、これが気候変動を招いた」と主張。「先進国は、中国を含む発展途上国に対して技術移転を行い、資金援助を提供すべきだ」と要望しています。

しかし実際は、自国の環境破壊が想像以上に進んでいるため、積極的に省エネ政策の導入を始めています。その代表例は、GB1級の省エネエアコンに五〇〇元の補助金を付ける農村振興策「家電下郷（かでんかきょう）」や、買い替え補助策「以旧換新（いきゅうかんしん）」です。

こうした政策によって、二〇〇八年には一〇％以下だったインバータエアコンの普及率が、二〇一二年にはいきなり四〇％を超えました。このインバータという技術は、今後、IoT化でも欠かせない技術となります。

ここで、インバータといわれてもピンと来ない読者がいるかもしれません。インバータはエアコンを例にすると分かりやすいでしょう。

以前のエアコンは電源のオンとオフだけ、あるいはオンに強弱の段階や温度設定があるものが一般的でした。ところが、現在シェアを広げているインバータエアコンは、スイッチをオンにして部屋の温度が下がってくると、インバータがモーター（圧縮機）の回転を自動的に緩めて、冷気を調節します。逆に部屋が暑くなってきたら、インバータがモーター（圧縮機）の回転を自動的に強めて一気に冷やしてくれます。つまり、部屋の温度に合わせて自動的に調整するのです。

こうした技術は、エアコンに限らず、多くのＩｏＴ製品で採用されていくことになるでしょう。だからこそ、ＩｏＴは、すなわち省エネなのです。なお、インバータの重要性についてては後述します。

ＩｏＴで生まれる年間三六〇兆円

これまでの社会は、あらゆる分野に無駄がたくさん見られました。この無駄を削減していくことは必須です。無駄をなくすことで、エネルギー不足が解消されると同時に出費も削減され、そうして生まれたお金を社員の給料など、別の目的で使えるようになるからです。

ＩｏＴの技術によって、一年間に、どのくらい無駄を省くことができるようになるのか——最も大きな削減が予想されるのは以下の五つの産業です。

①航空機産業：約四五兆円削減
②運送業：約七九兆五〇〇〇億円削減
③ヘルスケア産業：約六三兆円削減
④エネルギー産業：約九〇兆円削減
⑤鉄道業：約四〇兆五〇〇〇億円削減

以上の五つに加えて、その他の小さな産業も含めれば、一年間に約三六〇兆円の削減になると予測されています。

では、ＩｏＴの技術を使うことで、具体的に何をどう削減できるのか。まずは航空機産業におけるエアバスを例に説明していきます。

航空機の製造には、完成までに多くの工程があります。ネジの穴だけで一機あたり四〇万個以上。締め付け工具の数は一〇〇〇種類を超えるなど、必要な部品がやたらと多いのです。

そのためエンジニアは、製造の際、分厚いマニュアル本を参照し、どのネジをどの穴に入れて、どのくらいの強さで締めていくのか、それぞれマニュアルを見ながら製造していきます。当然、ものすごい労力と時間がかかるわけです。また、工程が多すぎるので、ミスする可能性も低くはありません。

ところがＩｏＴの技術によって、エアバスの製造方法は劇的に変わります。まずエンジニアはインターネットにつなげたカメラ付きの眼鏡をかけます。この眼鏡のレンズには、どのネジをどの穴に入れれば良いのかが、文字や画像で投影されます。エンジニアはそれを見ながら作業を進めるので、現在より容易かつ円滑に製造できるようになります。

インターネットにつながるのは眼鏡だけではありません。ネジを締める際に使う工具もＩｏＴ化します。するとその工具は強さを調整し、自動でネジを締めていってくれます。結果、たかがネジ締めと思うかもしれませんが、これによってミスや労力は激減します。

製造期間が短くなる一方で、品質は向上することになるのです。

以上の理由から、経費、材料費、人件費が抑えられます。エアバスは製造のＩｏＴ化によって、一五％の納期短縮と費用削減が実現すると発表しています。航空機産業で一五％の費用削減が実現すれば、約四五兆円が浮くということです。

無駄削減で生まれる新たな雇用

その他の四つの産業では、どのように無駄を削減できるのでしょうか。

まず運送業では、自動車のＩｏＴ化で、最も効率的な運送ルートが導き出されるようになります。それと同時に、交通渋滞は一気に解消されます。また、ラストワンマイル、つまり最寄りの営業所から届け先までの配送をドローンで行うことができるようになれば、人件費削減にもつながります。こうした効果により、約七九兆五〇〇〇億円程度の無駄は削減されるようになるでしょう。

ヘルスケア産業では、ＩｏＴ化によって、ビッグデータをもとに薬を調合するのが一般的になります。すると、それぞれの患者にとって、最も効果的な薬の処方が可能になるのです。

また、人の身体にセンサーを貼り付けて、心拍数、血流、血圧などを二四時間監視することで、治療から予防医療にシフトすることができます。すると病気になる人は減少しまでしょう。

す。特に心筋梗塞(しんきんこうそく)や脳卒中（脳梗塞・脳出血・くも膜下出血）は未然に防げるようになると予想しています。

こうした効果的な薬の活用や病気の予防によって、医療費は三〇％以上の削減が可能だと予想しています。すると、それだけで約六三兆円もの医療費削減につながります。なお、ＩｏＴ化による今後の医療の進歩については、第五章で詳しく解説します。

エネルギー産業においては、電力の需要予測をビッグデータから予測し、発電所を最適に稼働させて無駄を削減します。また、原油・天然ガスの探査では、ビッグデータによって効率的な採掘が可能になります。こうして無駄な作業が減り、人件費はもちろん、設備の簡略化が実現します。その結果、約九〇兆円もの無駄の削減につながります。

鉄道業では、センサーを車体に取り付けることによって、電車の不具合が事前に予知できるようになります。すると、事故を未然に防ぐことも可能になります。また、架線、線路の不具合もすぐに感知します。さらに人の流れをリアルタイムで監視して予測し、状況に応じて電車のダイヤをコントロールできるようになれば、電車の混雑緩和も期待できます。

そしてこれらの効果により、鉄道業では、約四〇兆五〇〇〇億円の無駄の削減ができると見込んでいます。

鉄道業と同様に、あらゆる製造業では、工場の製造機器にセンサーを取り付けて稼働状況を二四時間体制で監視することができます。加えて機器の振動や発熱も測定し、異常を瞬時に察知、事故や大きな故障を防ぎ、設備の稼働停止時間を短縮することができます。

以上のように、ＩｏＴ化で各分野の無駄が削減できます。そうして産業全体で、一年間に約三六〇兆円ものお金を創出できるはずです。

ただ、これらの無駄の削減によって、むしろ経済がシュリンク（縮小）するのではないかと不安に感じる人がいるかもしれません。たとえ無駄に思えることでも、それを行うことで成り立っている仕事もあるからです。

もちろん、ＩｏＴ化が進むことによって淘汰（とうた）される職業はあるでしょう。しかし、心配するほどではないと思っています。むしろ、ＩｏＴ化によって数多くの新しい仕事が生まれるからです。当然、トータルで見れば、社会は潤うはずです。

電力不足をＩｏＴで解消

ＩｏＴ化によって大きな削減が可能なものの一つに、電気があります。環境汚染を食い

図表１　世界の電力消費量の推移（地域別）

＊消費電力削減の規制はこれからが本番（特にアジアでの削減が急務）

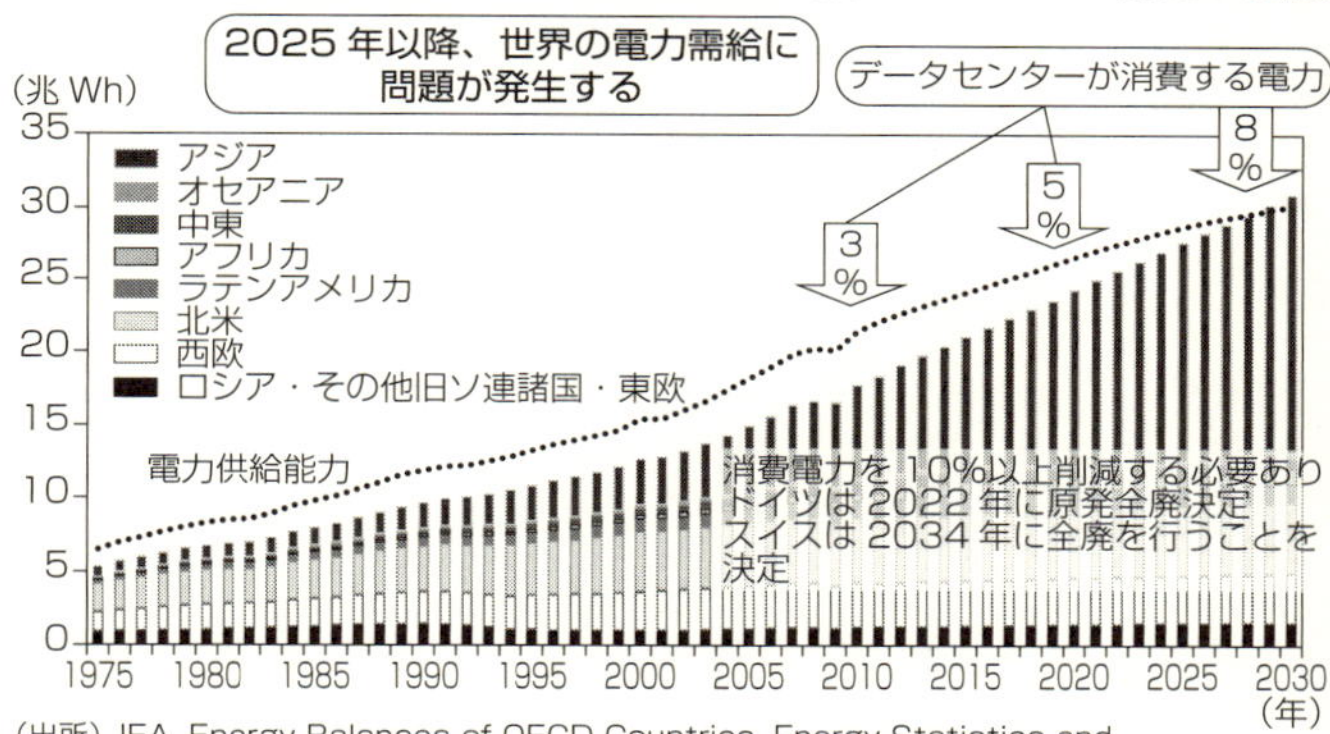

（出所）IEA, Energy Balances of OECD Countries, Energy Statistics and Balances of non-OECD Countries をもとにIHSマークイット作成

止めるためにも、消費電力を削減しなければなりません。

二〇一一年三月一一日の東日本大震災では、地震発生直後に巨大津波が東北の太平洋沿岸を襲い、東京電力福島第一原子力発電所では炉心溶融（ろしんようゆう）を伴う大惨事が発生しました。そんな日本で、新たな原発を増設するのは厳しいでしょう。とはいえ、火力発電所に頼ってばかりもいられません。火力発電では大量のCO_2が排出されるため、時代の流れと逆行することになるからです。

では、どうするべきなのか？　使用する電気を削減していけばよいのです。そのためには、やはりＩｏＴの技術が必要になります。

では、具体的にＩｏＴを使い、どのように

電力を削減できるのでしょうか。

三七ページの図表1を見てください。これまで電力の供給量は常に需要の上、つまり電力は足りていたのです。しかし、新興国で電力の需要が増してきたことから、二〇二五年ごろには需要が供給に迫ってくると予測しています。

そして近い将来、需要が供給を上回り、世界各地で停電が発生する可能性が極めて高い。だからこそ、消費電力を削減することが人類にとって急務なのです。

インバータで消費電力を大幅削減

ここで注目してもらいたいのはモーターです。いま世界で使われている電力のうち、約五五%はモーターを動かすために使われています（図表2）。夜になると家や街を明るくする照明のほうが、多くの電力を使っているような印象があるかもしれません。しかし、照明は全体の一七%程度に過ぎないのです。

モーターは様々なところで使われています。たとえば、工場で稼働する機械やビルのエレベーター、家電なら冷蔵庫や洗濯機やエアコン。こうした機械や家電のモーターの消費電力を削減することができれば、電力の需要は一気に減ることになります。

図表2 世界の電力需要用途別グラフ

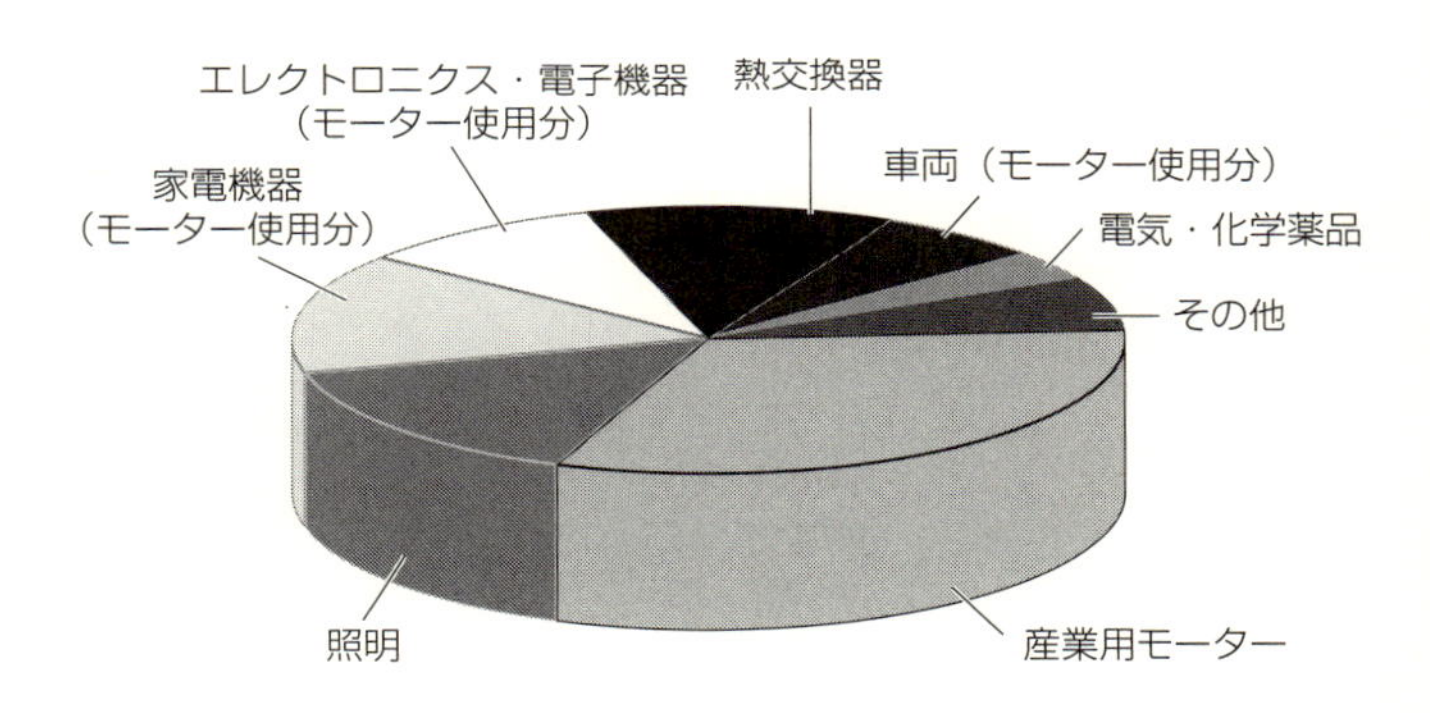

（出所）IHS マークイット資料

さて、旧式のモーターには、オンとオフしかありませんでした。そのため機械や家電を使わないときには、その都度、オフにしなければなりませんでした。しかし、たとえば大量生産を行う工場では、多数のモーターを人力でいちいちオフにするのには膨大な労力がかかります。だから、ずっとオンのままで稼働させておいたのですが、これが電力の需要を高めていました。

ところが現在のモーターには、インバータが搭載されているものがあります。これを普及させれば、電力の消費は格段に抑えられます。

現在の日本では、産業用モーターが消費する電力は、全電力の五〇％近くになります。

が、インバータ付き産業用モーターの普及率は、まだ一〇%程度に留まっています。

インバータがあるかないかで、消費電力に三〇%から四〇%もの違いが生じます。普及させることに大きな意味があることが分かるでしょう。

このインバータは「パワー半導体」によって構成されています。パワー半導体とは、高電圧や大きな電流を扱うことができる半導体のこと。直流の電圧や交流の周波数の変更、直流と交流を変換する役割を担い、電子機器の省エネ効果を高めてくれるものです。

また、モーターの回転を速めたり緩めたりする役目もパワー半導体が担っています。たとえば、インバータ付きエアコンは部屋の温度をセンサーで測っていますが、やはりキーになるデバイスはパワー半導体。モーターの回転数を調整して、適温を作り出しているのです。

このパワー半導体の分野でシェア第一位は、現在、ドイツのインフィニオンテクノロジーズ（以下インフィニオン）です。しかし一〇位以内には、**三菱電機**、**富士電機**、**東芝**が名を連ねています。つまり、日本企業は極めて良い位置にいるのです。

日本が最も進んでいるインバータ

モーターは様々な機器に使われるものです。そこにインバータを付けていくとき、パワー半導体が不可欠なものになります。つまり、今後大きな市場になることは確実なのです。

各工場がモーターを制御するためにインバータを導入していけば、インバータを製造する企業、あるいはインバータに搭載するパワー半導体を製造する企業は利益を上げることができます。加えてセンサーを製造する企業も儲かることになるでしょう。

現在はまだ、世界中の工場で稼働しているモーターのうち約七〇%がインバータのないもの。もし、この七〇%のモーターにインバータを付けることができたら、それだけで大幅な節電になるでしょう。インバータの有無で消費電力が三〇%以上異なるのですから。

こうしてモーターのインバータ化が進めば、世界の原子力発電所が何ヵ所もいらなくなります。つまりこれからの時代は、発電所を建設して大量の電力を供給する時代ではなく、インバータで節電する時代になる——これは間違いありません。

日本は次世代原発の開発を進める一方で、原発の輸出にも力を入れています。しかし、そんなことをするくらいなら、インバータ導入にどんどん予算を投入して、節電に力を入れたほうが良いはずです。インバータもＩｏＴを構成するパーツの一つと考えて間違いないでしょう。

工場では、以下のようなことも実現できます。まず、工場内のモーターすべてにセンサーを付け、稼働状況などの情報を集められるようにします。そうして自動でモーターを管理し、インバータで無駄な動きをなくす。結果、工場全体の消費電力が大幅に下がるのです。

このためには当然、設備投資にお金がかかります。しかし、五年から一〇年という長期的なスパンで考えると、経費削減につながります。工場全体の利益が上がれば当然、従業員の給料アップにもつながるはず。これこそまさにスマートファクトリーです。

ちなみにインバータの技術は日本が最も進んでおり、なかでも**ダイキン工業**や三菱電機、富士電機が群を抜いています。だからこそ、「この産業は日本に勝算あり」と太鼓判を押せるのです。

半導体の主役が交代する

二〇二〇年から二〇二五年のあいだにＩｏＴはどんどん普及します。なかでも製造業の分野でＩｏＴが台頭すると予測していますが、それと同時に半導体の主役が変わります。

たとえば、これまで半導体産業の主役といえば、メモリ（記憶素子）、ＭＰＵ（Micro-Processing Unit：マイクロプロセッサ）、先端ロジック（論理回路素子）でした。パソコン一台あたりの半導体の搭載金額を見ると、メモリが約二四％、ＭＰＵが約四六％、先端ロジックが約二二％を占めています。つまり、これら三つのデバイスで、パソコンの九〇％以上の金額を占めているのです。

スマホも同様です。ＭＰＵが占める金額はパソコンほど高くないにせよ、メモリと先端ロジックを合わせた三つのデバイスで、約七〇％の金額を占めています。

しかし、たとえば自動車の分野を見ると、三つのデバイスが占める割合は、約四〇％に留まっています。そして、代わりに主役となるのは何かといえば、アナログ半導体（後述）、パワー半導体、光半導体、そしてセンサーです。

今後もメモリやＭＰＵ、あるいは先端ロジックは、重要なＬＳＩ（大規模集積回路）であり続けます。しかし、その重要度は下落傾向にあり、産業機器（製造装置、計測機器、医療機器、電力関連機器、ロボット、軍需関連機器）や自動車など製造業の分野では、「アナログ半導体」「パワー半導体」「センサー」の三つが主役になります。

では、なぜこれらの製品が鍵を握るようになるのか？　今後、産業機器や自動車用の電子機器には多くのセンサーが搭載されます。そうしてビッグデータを収集。このデータを分析し、その結果を踏まえてモーターなどを使ってそれらを動かします。このとき、パソコンやスマホとは違って、「アナログ半導体」「パワー半導体」「センサー」が必須になるからです。

ＩｏＴで食料不足も解消

さて、世界を見渡せば、食料不足や飢餓に直面している人々がいます。とはいえ、世の中の食料が足りていないわけではありません。なぜならＦＡＯ（国連食糧農業機関）の資料によれば、世界では、人間の消費用に生産された食料の約三分の一が廃棄されているからです。

この深刻な状況は日本も同じ。環境省は二〇一九年四月、「我が国の食品廃棄物等及び食品ロスの発生量の推計値（平成二八年度）」として、以下のように発表しています。

〈食品廃棄物等は約二七五九万トン、このうち、本来食べられるにも関わらず捨てられた食品ロスは約六四三万トンと推計されました〉

こんな状況を改善する必要があることは明白です。だからこそＩｏＴの出番となります。

たとえば食品を生産する工場と販売する店をＩｏＴ化して、ビッグデータによって管理する。そうすれば、いつ、どこで、どの程度の食料が必要なのかを把握できるようになります。そして必要最小限の食品を生産・販売することで、極力無駄を省けるようになるわけです。

もちろん、それだけですべての無駄がなくなるわけではありません。しかし、仮にＩｏＴの技術で削減した食料を他国に輸出すれば、両国にとって大きなメリットになるでしょう。

水も同様です。現在、世界では真水(まみず)の七〇％が農業用水に使われています。が、そのなかには、水の与えすぎが原因で農作物を枯らしているケースもあります。そこでＩｏＴの技術を導入して、与える水や肥料の量、タイミングを管理する。そうすれば水や肥料を半分以下にすることが可能になります。

また、食料や水のほかにも、ＩｏＴの技術によって、石油や電力などの無駄の削減も可能です。その分、日本は豊かになり、その恩恵が国民一人ひとりに届くことになるでしょう。

これまで「新たな産業の誕生」というと、その産業によっていくら稼げるのか、その点ばかり注目されてきました。しかしＩｏＴの技術においては、いくら稼げるようになるのかではなく、いくら削減できるかがポイントになります。

こうして削減できたお金は、確実に国民に回ってきます。ＩｏＴ化によって作り出される効率的で環境に優しい社会は、同時に、巨大な新しい産業をも得ることができるのです。

最強の半導体製造装置と電子素材

日本の名目ＧＤＰは、内閣府のデータによると、二〇一七年度は五四七・四兆円。ＩｏＴの普及によって、これを大幅に増加させることも可能になるはずです。

たとえば半導体。私が所属するＩＨＳマークイット（ＩＨＳ Ｍａｒｋｉｔ）の調査によれば、日本を含む世界全体での半導体の売り上げは、二〇一八年は約五四兆円にも上ります。そのうち日本企業の売り上げは、全体の約一〇％となる五兆円程度です。

ただ今後、半導体については、組み立て用のパーツをバラ売りするのではなく、電子部品、モーター、電子素材を扱う複数の企業が手を組んで、セットで売るべきだと考えてい

図表３　世界の国籍別半導体売り上げシェア

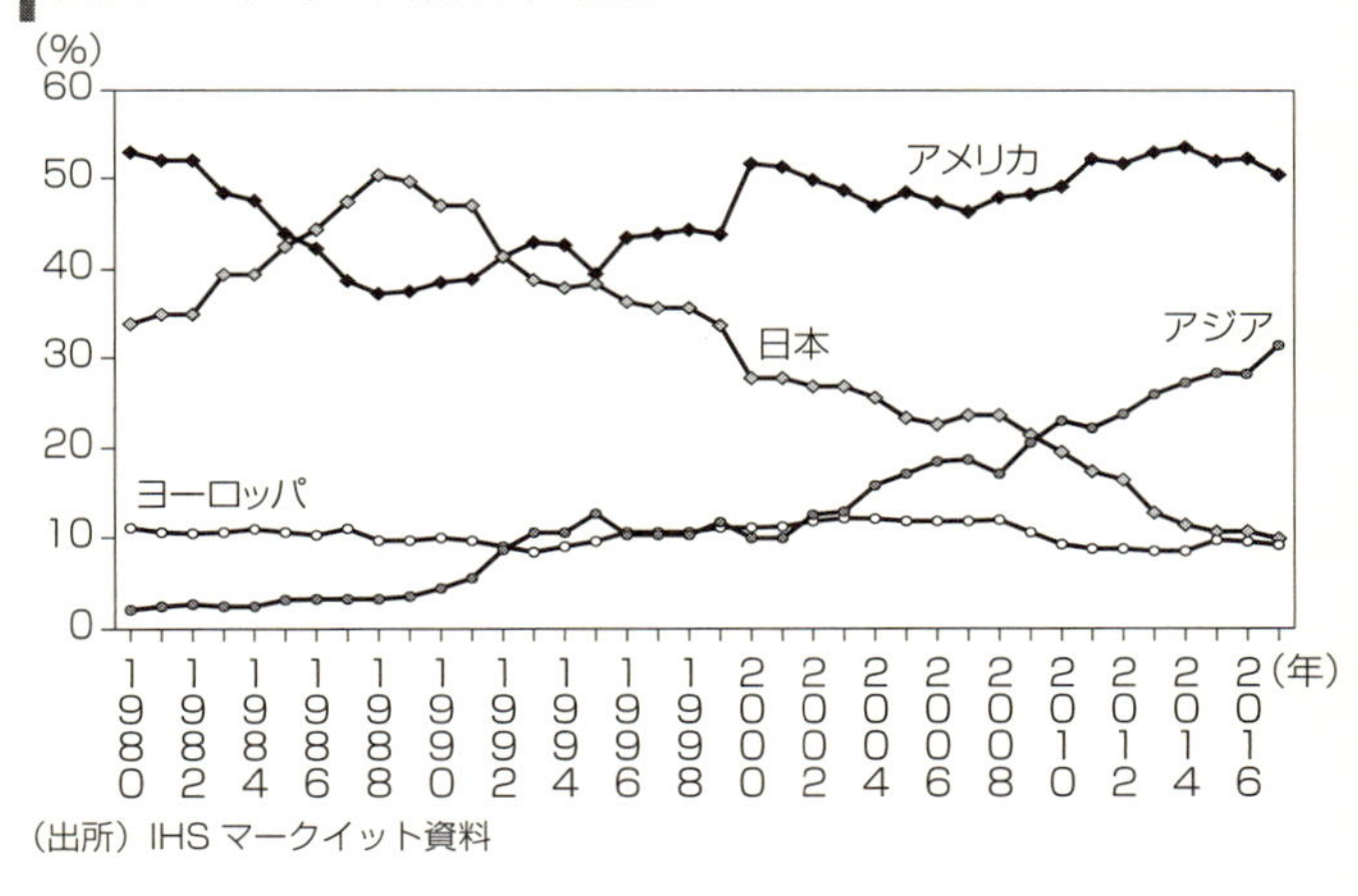

（出所）IHS マークイット資料

ます。

こうして各メーカーが半導体と電子部品やモーターなどをモジュール化し、高機能化することに取り組めば、現状の一〇％というシェアを一気に伸ばすことは十分可能です。

日本には、ＩｏＴ製品を造る際に必要となる部品や技術がすべて揃っているため、各メーカーがちょっとした努力や工夫を重ねるだけで勝者になれることは確実です。半導体の売り上げも、現在の約五兆円から一〇兆円程度に伸ばすことは難しいことではありません。

日本の半導体技術は海外企業に追い越されてしまい、衰退したイメージがあるかもしれません。実際、図表３に示す通り、半導体の日本企業の売り上げシェアは、一九九〇年に約四九％と世界トップでした。しかし、IHSマークイットのデータによれば、二〇一七年には八・八％まで落ちてしまいました。

その一方、半導体製造装置や電子素材の分野では、日本企業は依然として世界一ともいえる強さを誇っているのです。

二〇一九年七月に日本が韓国に対して発動した輸出規制によって、韓国経済を引っ張るサムスン電子やSKハイニックスで半導体の製造が危ぶまれるようになったのは先述した通りですが、その対象となった電子素材「フッ化ポリイミド」「レジスト」「フッ化水素」でも、日本企業が世界シェアをほぼ独占しています。

加えて、半導体の製造には四〇〇から六〇〇の工程がありますが、これは日本企業抜きには成立しません。

IoT産業に欠かせない半導体製造を支える日本企業については、第六章で詳しく解説していきます。また、日本企業同士が手を組む重要性についても後述します。

第二章　産業の主役が変わる！

イギリスが凋落したデフレの正体

ＩｏＴは第四次産業革命と呼ばれています。そこで、スイスの経済学者、クラウス・シュワブ氏の著書『第四次産業革命―ダボス会議が予測する未来』（日本経済新聞出版社）を参考に、過去の産業革命を振り返りながら、ＩｏＴによる産業革命がどれほど重要なのかを見ていきましょう。

第一次産業革命は一七六〇年代にイギリスから始まったといわれています。蒸気機関の登場で製造効率が劇的に向上、最初は繊維産業の製造工程が自動化され、その後、あらゆる機械の動力として蒸気機関が使われるようになりました。そして蒸気船や蒸気機関車が実用化されるに伴い、新しい時代に突入したのです。

第一次産業革命によって、イギリスは「世界の工場」と呼ばれるほどに発展し、世界経済を牽引するようになりました。しかし、イギリス国内では、都市部への人口集中、低賃金労働、工場周辺のスラム化、疫病（えきびょう）などの問題が生じました。

そんな産業革命の影響が他の国に広がるようになったのは、イギリス国内での革命がほぼ終わったころ。そのきっかけとなったのは、イギリスが解禁した機械の輸出です。一八三〇年代にベルギーとフランスへ、その後、アメリカとドイツへの輸出を開始しました。

続いて第二次産業革命です。この革命は「軽工業から重工業への革命」といわれています。第一次産業革命との明確な境界線はありませんが、一八〇〇年代後半から一九〇〇年代前半の産業革命を指すのが一般的です。

このときはアメリカとドイツを中心に、軽工業から重工業への転換が起こりました。まずは、ドイツがガソリンエンジンを発明。ガソリンエンジンは蒸気機関と比べて小型なので、この技術を応用して自動車や飛行機の実用化が一気に進みました。

するとフォード・モーターやGM（ゼネラル・モーターズ）などのアメリカの自動車メーカーは、材料から完成までの組み立てラインを自社のなかに統合、それと同時に大量生産を実現させたのです。まさにT型フォードが世界を席捲（せっけん）した時代で、アメリカは世界経済の中心に躍り出ました。

その後、アメリカではトーマス・エジソンが電球を改良し、本格的に電気を活用し始めました。この第二次産業革命では、多くの資金と設備が必要となり、個人よりも組織が重視される時代になりました。

以上のように、アメリカとドイツが急成長を遂げる一方で、「世界の工場」と呼ばれていたイギリスは出遅れました。

当時、イギリスは金本位制で通貨が安定し、さらに植民地からの利潤回収も順調でした。しかし、デフレ状態に陥っていたため、投資するよりも通貨を持ち続けていたほうがリスクが少ないと考えてしまいました。そして、この考えが、国内製造業への投資を遅らせることにつながりました。

この時期、アメリカがイギリスを凌ぐ経済力を持つようになります。イギリスからアメリカへと覇権が移ったのです。

軍事技術と教育方法の結合で

第三次産業革命の流れは、コンピュータの登場によって始まりました。二〇世紀後半から起こった「頭脳産業時代の到来」と呼ばれる革命です。

この流れのもとでは、これまで人間が行っていた知能に関連する作業を、コンピュータで代替します。すると膨大な計算が瞬時に処理できるようになり、生産ラインを自動化することも実現しました。

第三次産業革命は、アメリカとソ連（当時）による冷戦が終わり、軍事技術が民間産業に転移したから起こったといわれています。冷戦中、ＧＰＳや画像処理など高度な技術を持つ企業は、国防総省の傘下にありました。しかし冷戦後、国防総省の職員が民間産業に参入したため、やや停滞していたアメリカの産業は復活を遂げました。新たな革命が始まったのです。

この革命で成長したのは、アップル、グーグル、フェイスブックなどのＩＴ企業です。製造業や流通業にもＩＴが導入されるようになったため、世界は急速にデジタル化しました。

すると、企業が求める人材も大きく変化しました。大量生産を可能にする協調性のある人材ではなく、自らアグレッシブに動くことができる人材が求められるようになったのです。

この時代にあっては独自性が重要です。そのため、それまでも世界中から優秀な頭脳を集めてきたアメリカの教育方法が、時流にマッチしました。結果、様々なアイデアがアメリカで生み出されたのです。こうして第三次産業革命で引き続き覇権を握ったのも、アメリカだったというわけです。

第四次産業革命で尊敬される国は

さて、これから起こる第四次産業革命、ＩｏＴ革命では、いったいどの国が覇権を握ることになるのでしょうか。経済発展が著しい中国でしょうか。しかし中国であるなら、それはこれまでの経済発展と同様、歪(いびつ)なものになるでしょう。

ＩｏＴを活用し、ＩｏＴの技術で無駄をなくすためには、膨大な量のデータを収集する必要があります。中国は、個人や企業の情報を政府の権限で使うことができる唯一の国です。これは第四次産業革命を推進する最大のエンジンになります。この点では、中国が有利だといえるでしょう。

欧米では、個人情報や企業機密の保護が障壁となり、簡単にビッグデータを収集することはできません。逆に中国は、こうした圧力に晒(さら)されることなくＩｏＴを導入し、第四次産業革命を巻き起こそうとしています。

しかし、共産党による一党独裁体制のもと、大半の国民の生活が改善されない中国は、世界から尊敬される国にはなり得ません。またＩｏＴ革命のもと、二〇二二年には人口の二倍にもなんなんとする監視カメラに睨(にら)まれて、国民は怯(おび)えながら生活することになりそうです。ですから、そんな形で覇権を握ったとしても、世界が中国に憧（あこが）れることはありません。

また、アメリカのドナルド・トランプ大統領が主導する米中貿易戦争は、もはや「新冷戦」ともいわれるようになり、中国経済は奈落を目の前にしています。果たしてＩｏＴ革命を完成することができるのかどうか怪しくなってきたのが、本書を執筆している二〇一九年の状況です。

一方、日本はどうか？　かつてのイギリスやアメリカのような大覇権国になるのは難しいかもしれません。しかし、第四次産業革命を契機に、ＩｏＴ製品を輸出し、世界から尊敬を集める可能性は極めて高いと見ています。

詳細は後述しますが、たとえば交通の分野では、コンピュータが渋滞を予測し、渋滞が発生しないよう信号の間隔を調整します。あるいは農業の分野では、農作物を最も効率的に収穫するために、最適な施肥と散水を自動的に行うようになります。日本はこれらの分野で、必ずや大きな存在感を示せるはずなのです。

第四次産業革命の発端は、二〇一一年にドイツ政府が推進した国家プロジェクト「インダストリー４・０」だといえるでしょう。長らく欧州最大の製造立国の地位を守ってきたドイツですが、高騰した国内の人件費に加え、アメリカのＩＴ企業が製造業へ参画してきたことに危機感を抱いています。その危機感が国家プロジェクトの背景にあるのです。

ドイツはこのプロジェクトで、ＩｏＴによって人と設備が協調して動くことや、ＶＲ（仮想現実）によるオペレーションシステムの改革、あるいはビッグデータやクラウドの活用、そして消費者一人ひとりのニーズに応える「マスカスタマイゼーション」を目指しています。

マスカスタマイゼーションとは、コンピュータの技術を用いて特注品を製造するシステムを意味します。これによってコストダウンや在庫の削減が可能になり、生産性が飛躍的に向上するでしょう。

第四次産業革命は、現在進行形の革命です。各国は様々な戦略を用いて、新たなビジネスモデルを創出しようとしています。近い将来、革新的な仕組みやビジネスモデルが考案され、実際に私たちの生活に導入されていくはずです。

日本の社会環境とＩｏＴの親和性

第一次産業革命から第三次産業革命までのあいだに覇権を握ったイギリスやドイツ、そしてアメリカには、社会の変化をいち早く感じ取って革命に乗り出したという共通点があります。経済が発展し、人々の生活水準が高くなり、大きな軍事力も持ちました。

一方、革命を経験しなかった国の多くは、先進国の植民地となり、経済的にも軍事的にも存在感を示すことはできませんでした。しかし、産業革命で良いことばかりが起こったのではありません。最大の問題は自然破壊です。農業社会から工業社会に転換したため、都市部への人口集中問題やCO_2排出などの環境問題が生じています。

ただ、第四次産業革命は違います。ＩｏＴによるこの革命で最も重要なのは、エコ化を通じて社会のあらゆる問題を解決することであるからです。

たとえば少子高齢化。労働人口の減少が進む日本は、第四次産業革命が最も効果を発揮する国です。積極的にいろいろな実験ができる環境が整っています。

こうした社会環境とＩｏＴの技術が揃っている日本は、世界第一の経済大国も、ましてや世界第一の軍事大国も目指す必要はありません。ＩｏＴで、自然に優しい、人にも優しい国を目指せばよいのです。

実際、第四次産業革命で注目したい日本企業がいくつもあります。それらの企業については第六章で述べますが、たとえばＩｏＴに関連した研究・開発を行う**プリファードネッ**

トワークスです。同社は事業の大きな軸として「バイオヘルスケア」を掲げ、二〇一六年からは国立がん研究センター、産業技術総合研究所と協業して研究を進めています。

また、ディー・エヌ・エー（ＤｅＮＡ）との合弁企業である**ＰＦＤｅＮＡ**は、二〇一八年一〇月に少量の血液から一四種のガンを判定するシステムの共同研究を開始すると発表しています。

超高齢社会である日本で健康寿命を延ばすことが叶(かな)えば、医療費の削減に加え、高齢者の快適な生活も実現します。

加えて、**オムロン**、**オリンパス**、**富士フイルム**などは、ＡＩ診断関連の研究開発を進めています。この先ますます注目される企業となるでしょう。

ＩｏＴが主人公になる第四次産業革命に向け、日本企業は闘うための準備を活発に進めているようです。この先、日本が大きな存在感を示していくことは間違いないでしょう。

トヨタのコネクティッドサービス

さて、このＩｏＴに関連する産業では、以下に述べるようなことが進行していくはずです。自動車を例に説明してみましょう。

トヨタ自動車（以下トヨタ）はコネクティッドサービスを始めています。これはたとえばＤＣＭ（Data Communication Module：専用通信機）を標準装備したコネクティッドカーを販売し、自動車とサービスセンター「トヨタスマートセンター」を通信でつなげることによって、二四時間サポートを提供するサービスです。今後、こうした動きは、他の自動車メーカーでも活発になるでしょう。

まず、このサービスでは、ＩｏＴの技術で不具合が、事前に察知されるようになります。自動車がインターネットにつながり、センサーによって自動車の状態を把握できるようになるのです。こうして走行中の自動車のトラブルによる事故などは、未然に防げるようになるでしょう。

加えて、自動車は、「所有」するものから「共有」するものに変わっていきます。

現在、自動車の稼働率は、わずか五％から七％程度だといわれています。つまり、自動車が一〇〇台あったら、そのうち九五台程度は車庫にある状態。滅多に乗らないにもかかわらず、なんとなく所有している人も多いでしょう。

しかし、自動車のＩｏＴ化が進み、自動車をシェアするシステムが完成すれば、それに飛び付く人が増えるはずです。なぜなら、自動車の稼働率に見る通り、大半の人は自動車を毎日必要としているわけではないからです。乗りたいときに乗れる、しかも維持費がかからずに料金も安い……そんな手段を選ぶ人がたくさん出てくるでしょう。

こうして自動車をシェアする時代になると、自動車の台数は減り、稼働率が五〇%程度に上がるのではないかと考えています。すると、無駄な車を造ることもなくなり、同時に資源を無駄に消費することもなくなります。

ただ、「自動車の台数が減ると、世界に冠たる日本企業トヨタの売り上げが減ってしまうのではないか」と心配する人もいることでしょう。ここで必要なのは、発想を変えることです。自動車メーカーは、自動車を売るのではなく、自動車をユーザーにシェアしてもらうサービスを提供するビジネスモデルに変わるのです。

もちろん、自動車シェアのシステムを、メーカーだけで整備するのは難しいかもしれません。自動車メーカー以外の企業、たとえばＩＴ企業が事業を始める可能性もゼロではありません。あるいは、別業種の企業が自動車メーカーと手を組んで、事業を始めることも考えられます。

また、自動車の寿命は平均一五年程度ですが、複数の人でシェアするとなると、個人で所有するよりも頻繁(ひんぱん)に稼働するわけです。その結果、自動車の寿命は短くなります。するとメーカーは、いままでよりも短いスパンで自動車を売ることができるようになるでしょう。必ずしも、生産台数が激減するということにはならないかもしれません。

お酒を飲んで自動運転車で帰宅

現在、レンタカーを乗り捨てしようとすると、高額な料金を支払わなくてはなりません。しかしＩｏＴの技術が進めば、好きなときに、好きな場所で、好きなレンタカーを借りて、用事が済んだら乗り捨てる、そんな時代がやってくるはずです。

二〇一八年八月二七日〜九月八日、自動運転技術を手掛けるロボットベンチャーのＺＭＰと日の丸交通は、タクシーに客を乗せて、東京の大手町—六本木間で自動運転の実証実験を実施しました。安全のためドライバーと補助者が同乗したものの、自動車の発進や停止、そして右左折は、自動で行われました。

日本の道路交通法は「運転者なし」のケースを想定していないため、今後、完全に自動化するには法改正が必要です。ただ、この技術の進化が加速するのは間違いありません。

また、名古屋大学では「マルチモーダル対話型自動運転車」を開発しています。対話型とは、乗車している人の指示にしたがって自動運転する自動車。同大教授の武田一哉（たけだかずや）氏と森川高行(もりかわたかゆき)氏を中心に開発されました。

ちなみに武田氏は、以前から音声認識システムを開発していた人物で、ベンチャー企業**ティアフォー**の社長も務めています。また、森川氏は交通システム分析の専門家で、交通行動の分析、情報通信技術による交通の知能化・高度化、あるいは未来の交通システムについて研究を続けています。

武田・森川両氏に加えて、徳島大学やトヨタグループの自動車部品メーカー・**アイシン精機**によって、乗車している人の声や視線、あるいはジェスチャーなどを感知してくれる対話型自動運転車が完成。「ここで停めてください」といえば停車し、「その角を曲がってください」といいながら右を指差せば、右折してくれる自動運転車です。

この対話型自動運転車のすごい点は他にもあります。

これまで自動運転といえばA地点からB地点まで行くだけでした。しかし、乗車中に急な行き先の変更もあるでしょうし、途中でどこかに寄りたくなることもあります。この対話型自動運転車では、指示さえ出せば、それも可能になるのです。つまり、私たちが現在、タクシーの運転手を相手にやっていることを、機械を相手にできるようになる。一昔前なら夢のようなことが実現するのです。

予約すれば自動運転車が家まで迎えに来てくれて、運転する必要もなく目的地に行ける時代には、お酒を飲んで自動運転車で帰宅することも可能になります。加えて駐車場も不要で、税金などの維持費もかからない……自動車をシェアしたい、自動運転車を利用したいと考える人が増えていくことは、間違いなさそうです。

トヨタ・ソフトバンク提携の狙い

二〇一八年一〇月四日、トヨタと**ソフトバンク**の提携が発表されました。「Sanke iBiz」の二〇一八年一〇月五日の記事によれば、ソフトバンクのIoT事業を統括する最高技術責任者（CTO）の宮川潤一（みやかわじゅんいち）副社長は、「車はIoT（の一つ）だという観点から提携に至った」と語りました。要するに、IoTが進化する状況において、トヨタの電気自動車（EV）「e-Palette（イーパレット）」に魅力を感じているわけです。

ソフトバンクは、これまでIT企業などとIoTや人工知能（AI）の分野で提携を続けてきました。加えて親会社のソフトバンクグループは、アメリカの配車サービス「ウーバー」を提供するウーバー・テクノロジーズに出資するなど、モビリティ（乗り物）分野へ積極的に関わっています。こうした流れのなか、トヨタとも手を組むことに決めたのでしょう。

トヨタはヨーロッパの自動車メーカーと同様、カーシェアを代表とするモビリティサービス事業を提供する会社に変化しようとしています。対するソフトバンクは、ＩｏＴで集められるビッグデータを活用し、様々な新しいサービスを構築していこうとしています。

トヨタとソフトバンクは、日本で最も潤沢な開発費を使える企業です。この提携が、日本のＩｏＴを牽引することは間違いないでしょう。だからこそ、その他の企業もここに参画し、互いに協力することが重要だと思います。

たとえば、ここにＪＲや日本航空（ＪＡＬ）、あるいは運送会社や小売業などが参画してくれれば、トヨタは自動車産業から脱却することができます。人やモノの移動を統御し、スマートな社会を提供する企業に進化することが可能となるのです。トヨタとソフトバンクの提携は、そのための第一歩と考えることができるでしょう。

ＡＩチップの開発が加速する背景

さて、いま世界で使用されているコンピュータの大半は「ノイマン型」と呼ばれるシステムで稼働しています。ノイマン型とは、ハンガリー出身の数学者、ジョン・フォン・ノイマンが提唱したコンピュータの基本構成（アーキテクチャ）を指します。コンピュータは、演算装置、制御装置、記憶装置、入力装置、出力装置の五つの装置で構成され、プログラム実行時には、記憶装置から命令やデータが出され、記憶レジスタを経由して演算・制御装置に転送されます。命令は、命令アドレスレジスタにセットされたアドレスに沿って逐次的に実行されます。要は、記憶装置に計算手続きのプログラムが内蔵され、逐次処理方式で処理が行われるということです。

ノイマン型コンピュータには、マイクロプロセッサとメモリが別々に存在しています。それぞれがデータをやり取りするためのバス（経路）を介して、情報を処理する仕組みです。

このバスが伝送できるデータ量には限界があります。また、大量のデータを高速で処理すればするほど、より多くの電力を消費します。

近年、クラウドサーバーなどで消費する膨大な電力が問題になっています。現在のサーバーを使って、人間の脳と同じ処理ができるようなコンピュータのシステムを構築すると、その消費電力は、なんと原発一基分に相当するそうです。三七ページの図表1に示したように、二〇一〇年に世界の電力需要の約三％をデータセンターが消費しました。そして、二〇二〇年には五%、二〇三〇年には八%を占めるようになると試算されています。

そして、最新のノイマン型コンピュータのマイクロプロセッサには、五ギガヘルツという高い周波数で動作する製品があります。一方、人間の脳は覚醒・安静状態で一〇ヘルツ程度で動いています。

脳がこれほど低い動作周波数でも高度な処理を実行できるのには、秘密があります。実は人間の脳は、極めて並列度の高い処理ができる構造をしているからです。同時に数多くの処理を実行できるため、一つひとつがゆっくり動いても、全体では多くの処理ができる仕組みです。

人間の脳を構成する一つのニューロン（神経細胞）からは、他のニューロンへの信号を伝える線が八〇〇〇から一万本も出ているとされます。この線の数が多いので、超並列処理が可能になるのです。

これに対して現在のマイクロプロセッサとなると、チップを構成する一つの素子からアクセスできる素子の数は、最大で一〇〇本程度。ノイマン型のシステムには限界があります。

そこでいま、低消費電力で動作が可能な脳を模倣した非ノイマン型チップ、人工知脳

（ＡＩ）チップの開発が加速しています。まったく新しい技術なので、旧来型を得意とする半導体メーカー、すなわちインテル、エヌビディア（ＮＶＩＤＩＡ）、ザイリンクスなどとは違ったメーカーが、新たに飛躍する可能性も高いといえるでしょう。

ＩＢＭは、すでに新型チップ「トゥルーノース（TrueNorth）」をリリースしていますが、他にも多くのメーカーや大学が、ＡＩチップの研究・開発に勤しんでいます。

現在、ＡＩチップの開発競争は始まったばかりといえます。残念ながら日本は、完全に出遅れています。唯一、東北大学が磁気トンネル接合（ＭＴＪ）素子の特長を生かしたＡＩチップの開発で、世界と闘える可能性がある程度です。

ＩｏＴ社会を先導するためにも、この分野の開発に資源を投入していくべきでしょう。

新しいメモリの時代が到来した

近年、量産されている主要な半導体メモリは、ＳＲＡＭ（エスラム）、ＤＲＡＭ（ディーラム）、ＮＯＲ（ノア）型フラッシュメモリ、ＮＡＮＤ（ナンド）型フラッシュメモリの四つ。当然、それぞれにメリットとデメリットがあります。少し専門的な話になりますが、ざっと解説していきます。

SRAMは、制御が容易なことや、読み出し・書き込み動作が速い点がメリットです。しかし一方で、セル面積が大きいため、大容量化に適さないというデメリットがあります。

DRAMのセル（回路）構造は、キャパシタ（蓄電池の一種）に電荷を蓄えることでデータを保持するタイプです。DRAMはセル面積が小さいため、大容量化に向いています。しかし、定期的にリフレッシュ信号を与えないと、データが失われてしまうのが欠点です。

フラッシュメモリはセル構造によって、大きくNOR型とNAND型の二つに分けられます。

NOR型はデータ保持の信頼性が高く、誤りの訂正などの処理が不要。さらにビット単位の書き込みができるのが大きなメリットです。しかし消去速度が遅いので、高速動作には適さず、セル面積が大きいために大容量化が難しいのが欠点。主な用途としては、携帯電話機などのプログラム格納が挙げられます。

一方、NAND型は、セル面積が小さいため大容量化に向いています。携帯音楽プレーヤーや携帯電話機、SSD（Solid State Drive：記憶装置）などにおいて、データを格納する用途で使われています。

上記の四つの半導体メモリは、それぞれ特長を活かした分野で棲み分けがなされています。

そのなかで、セル面積が小さいＤＲＡＭとＮＡＮＤ型フラッシュメモリは、微細化の限界が近づいています。そこで、ＮＡＮＤ型フラッシュメモリは、３Ｄ型のチップ積層に進化し始めました。

拡大するデータセンターのメモリは、高速性と消費電力の問題から、ＳＳＤ化が予想以上のスピードで進行しています。さらなる消費電力の低減と高速化に向けて、新メモリの必要性が高まっています。

近い将来、データセンターではフラッシュメモリだけをストレージ（記憶装置）として使うようになり、ＨＤＤ（Hard Disk Drive）を搭載しないシステムになると、ランダムアクセスはもちろんのこと、システム全体のパフォーマンスも向上します。すると、さらなるスピードアップが求められるようになり、ストレージ用のメモリが必要となってくるでしょう。ここが次の重要なメモリ競争の領域になると予測しています。

「買い物は冷蔵庫がする」時代

ＩｏＴの普及に伴い、家電はどんどん便利なものに進化し、私たちの生活は激変します。

たとえば冷蔵庫。これからの冷蔵庫は、庫内のすべての食材と、それぞれの賞味期限や消費期限を把握し、管理してくれるようになるでしょう。

それだけではなく、仮に「夕飯の献立は麻婆豆腐」と決めて、冷蔵庫に音声で「麻婆豆腐」と伝えると、自動的に庫内にある食材をチェック。即座に足りない食材をリストアップして、インターネットで購入までしてくれるようになります。そうして食材は、当日の夕方、家に届きます。

あるいは、いま冷蔵庫にある食材で何が作れるのか、そのレシピを提案してくれます。たとえば庫内にジャガイモとニンジンと肉があったら、肉じゃがを提案してくれるというわけです。

また、過去のデータを収集・蓄積することが可能となるのは、ＩｏＴ化された冷蔵庫でも同様です。そのため、過去一ヵ月のメニューを把握したうえで、どんな栄養素が足りないかを「指導」してくれます。必要な栄養を摂るためにはどのようなメニューにすべきか、理想の献立を提示することも可能になるのです。

それだけではありません。ヘルスケア産業と手を組んで所有者の体調を把握し、冷蔵庫が体調に合わせたメニューを提案してくれます。たとえば肥満気味だったら、カロリーや糖質を制限したメニューを提案し、それに必要な食材や調味料などもすべて購入してくれるのです。

冷蔵庫とテレビをつなげることも可能になるでしょう。

まず冷蔵庫が目当てのメニューに必要な食材をリストアップして、４Ｋテレビで画像や映像を見ながら食材選びをします。高画質なので、食材の鮮度も一目で分かります。野菜なら、産地や収穫日、そして価格がテレビ画面にテロップで映し出されます。そして欲しいものを注文すれば、その日の夕方に届くという仕組みが確立されていきます。

また、このサービスには複数の小売店が参画するので、当日の特売品などがリアルタイムに発信され、ユーザーは好みの食材を選択して買えるようになるのです。

これが一般化すると、店舗型のスーパーマーケットの数は減っていくでしょう。消費者はインターネットにつながった冷蔵庫から食材を購入するようになるため、倉庫さえあれば商売ができるようになるからです。「買い物は冷蔵庫がする」という時代の到来です。

製造業はカスタムメイドが主流に

これまでパソコンやスマホは、各メーカーが完成品を造り、販売するというかたちでした。要するに、私たちが購入して所有するのは、各メーカーが大量生産した製品だったわけです。

パソコンやスマホの中身を見ると、ほとんど構造は同じです。それを大量生産するのがこれまでのやり方でした。しかしＩｏＴ製品は、ユーザーとなる個人や企業に合ったカスタムメイドが主流になります。

たとえば産業機器。産業機器にはセンサーが付いているものが多々あります。ただ、一括りにセンサーといっても、温度や湿度を測るものもあれば、振動を測るものもある。世の中には多種多様のセンサーがあり、各メーカーがこぞって製造しています。ユーザーは、そのなかから自分のニーズに合ったセンサーをチョイスし購入してきました。

しかしＩｏＴの時代には、それぞれ個人や企業がカスタマイズされたものを利用します。そのため、パソコンやスマホとは違い、多品種少量生産に移行します。つまり、「うちの工場ではこういうセンサーが欲しい」とリクエストして造ってもらうかたち、すなわちカスタム化が進行するのです。

これは自動車や電化製品だけではありません。医療も同様になります。自分の病気はもちろん、体質に合った医療を受けることができるようになります。

ＩｏＴ社会では、個人の病気や体質に関するデータを収集するだけでなく、同世代のデータや各国のデータも収集し、ビッグデータを研究します。その結果をもとに、各人に合った治療や薬を提案していく。つまり、同じ病気でも、人によってまったく違う治療が施され、まったく違う薬が処方されるようになるのです。

このようなＩｏＴ化の動きは、すべての分野で加速します。そして、同時に起こるカスタム化については、実は、日本企業が大きな強みを持つのです。

日本では、バブル経済のころまでは、製品の大量生産で売り上げを伸ばす企業が多々ありました。しかし近年、中国、台湾、韓国の企業が世界に進出し、日本のメーカーを凌駕(りょうが)する規模で大量生産を行うようになりました。結果、人件費を含む製造コストの面でも不利になった日本は、代表的なものでは、パソコンやスマホの分野で劣勢に立たされました。

ところがいま、ＩｏＴ産業では、個々の望み通りにカスタム化することが重要になります。そして日本には、それを得意とする企業が膨大に存在している。だからこそ、「ＩｏＴ化の進行とともに日本企業は復活する」と私は確信しているのです。

ＩｏＴと職人の親和性で勝機到来

かつてパソコン産業では、本体にインテル製のチップを搭載するしかありませんでした。つまりインテルの一人勝ち状態だったわけで、自社製品のコマーシャルに「インテル、入ってる」などと付け加えなければなりませんでした。

しかし、ＩｏＴ製品はカスタムメイドが主流となるため、センサー一つをとっても中身は多種多様です。これが何を意味するかといえば、あるメーカーが一人勝ちできる時代ではなくなったということなのです。

半導体を例に挙げると、これまで世界では、インテルやクアルコムによるＡＳＳＰ(Application Specific Standard Product)が主流でした。ＡＳＳＰとは、すなわち汎用品の集積回路を指します。言い換えるなら、ある分野に特化したいくつかの企業が汎用品を製造し、市場を支配してきた、ということです。

しかし、カスタムメイドが主流となるＩｏＴ製品は中身がすべて違うため、ある企業が一人勝ちする状況にはなり得ません。ユーザーとなる個人や企業のリクエストに応じて造る必要があり、そのリクエストは千差万別だからです。

これはＡＳＳＰとは反対の状況であり、ＡＳＩＣ（Application Specific Integrated Circuit）と呼ばれます。「Integrated Circuit（ＩＣ）」とは半導体から成る集積回路のこと。分かりやすくいえば「オーダーメイドの半導体」ということでしょう。そして繰り返しになりますが、このＡＳＩＣこそ、日本企業が得意とする分野なのです。

インテルに代表されるような世界の企業は、いろいろな人の声を聞いて共通点を見出(みいだ)し、汎用性のある製品を造ることで、シェアを独占してきました。要するに、大衆受けする製品を造ってきたわけです。日本はこのビジネスに敗れました。

他方、半導体の歴史を振り返ってみると、日本企業は、ある一つのユーザーが要望する通りの製品を造ることを得意としてきました。ここに私は大きな勝機を見ます。

ＡＳＳＰと比べると、一つひとつのビジネス規模は小さいかもしれませんが、当然、カスタム品は値が張ります。クオリティの高い製品を提供し続ければ、必ずや収益は上がります。日本企業は、これまで以上の信頼を、世界のユーザーから勝ち取ることができるはずです。

――ＩｏＴ製品に求められるのは、日本ならではの匠（たくみ）の技なのだと思います。日本には、顧客を大事にして丁寧なものづくりを続ける職人が数多く存在します。そうした日本人ならではの気質は、日本企業にも共通したものといえるでしょう。だからこそＩｏＴの時代は、日本企業の時代となるはずなのです。

中国の半導体産業はどうなる

二〇一八年の時点で、世界の電子機器製造市場のうち約四一％を中国が占めています（ＩＨＳマークイット調べ）。また、図表４から分かるように、半導体の消費金額の約五〇％を中国が占めています。しかし、半導体の消費金額が約二〇兆円に達するにもかかわらず、中国の自国メーカーが供給できるのは、そのうちの約八％に過ぎません。金額にすると約一・六兆円程度です。

そこで中国は、一八兆円の半導体を他国から輸入しています。そして、その約半分はアメリカ企業からの輸入に頼っているため、いわばアメリカに首根っこを押さえられている状態です。

図表４　世界の半導体消費金額と予測値

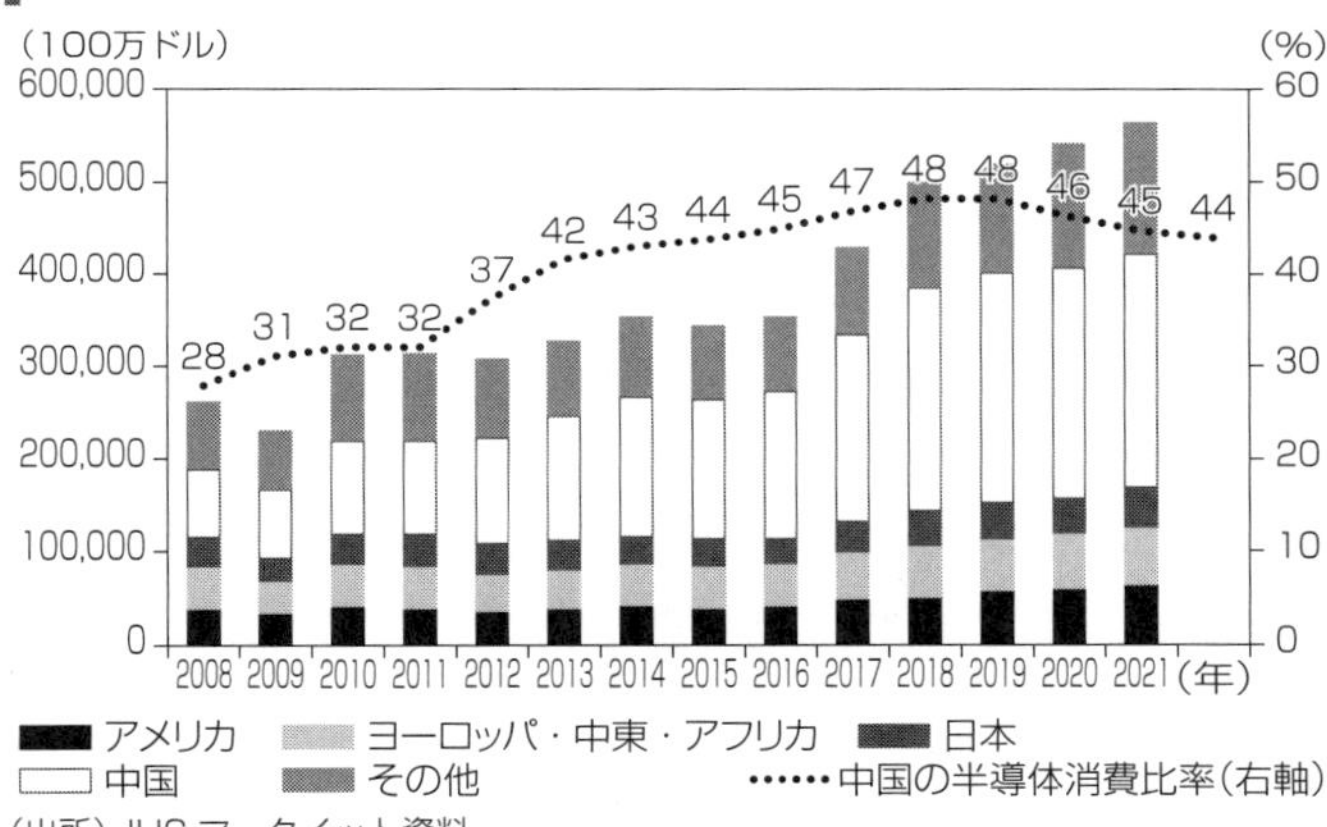

（出所）IHS マークイット資料

加えて、その金額は石油をも上回り、中国の輸入品目の第一位。これは中国にとって理想的な状況とはいえず、中国政府は半導体の自給率を上げようと力を入れています。

中国が半導体の自給率にこだわる重要な理由は他にもあります。半導体は、軍需産業にとって最も重要な部品であるからです。

中国はいま、アメリカとロシアに次ぐ世界三位の軍事大国ですが、軍需製品で使われる半導体の約九九％を輸入に頼っている状況。だからこそ、この現状を変えようとしているのです。

一方、アメリカ商務省は二〇一五年に、中国がスーパーコンピュータを軍事利用しているという理由で、インテルのスパコン向けC

PU(中央演算処理装置)の輸出を禁止しました。また二〇一八年には、アメリカ企業による中国通信機器大手のZTE(中興通訊(ちゅうこうつうじん))への製品販売を七年間禁止するとも発表しました。こうした状況下、中国政府は、二〇二〇年以降も半導体の自国育成策を継続していくことが見込まれます。

これまで中国は、世界の工場として、安価な人件費で、外資系企業のテレビ、パソコン、スマホなどを組み立ててきました。そうして現在では、世界的な企業が数多く誕生しました。言い換えるなら、テレビやパソコンやスマホなどは、どんな国の企業でも造れる電子機器に成り下がったわけです。

もし中国の半導体メーカーが、半導体の開発から製造まで、すべて自社でまかなうことができるようになれば、世界の工場から脱皮することができるでしょう。しかし、近い将来に成長が期待される自動車、産業機器、IoT機器にどのような半導体が必要になるか、機器メーカーとの密な情報交換が必要となる状況は変わりません。中国の完成品メーカーはまだ弱く、結果、自国の半導体メーカーを育てることは難しいでしょう。

また、ソフトバンクグループが三・三兆円で買収したイギリスの**アーム・ホールディングス**(以下**ARM**)は、世界のCPUコアの七五%を設計している企業ですが、トランプ

図表5　半導体投資と売り上げの関係

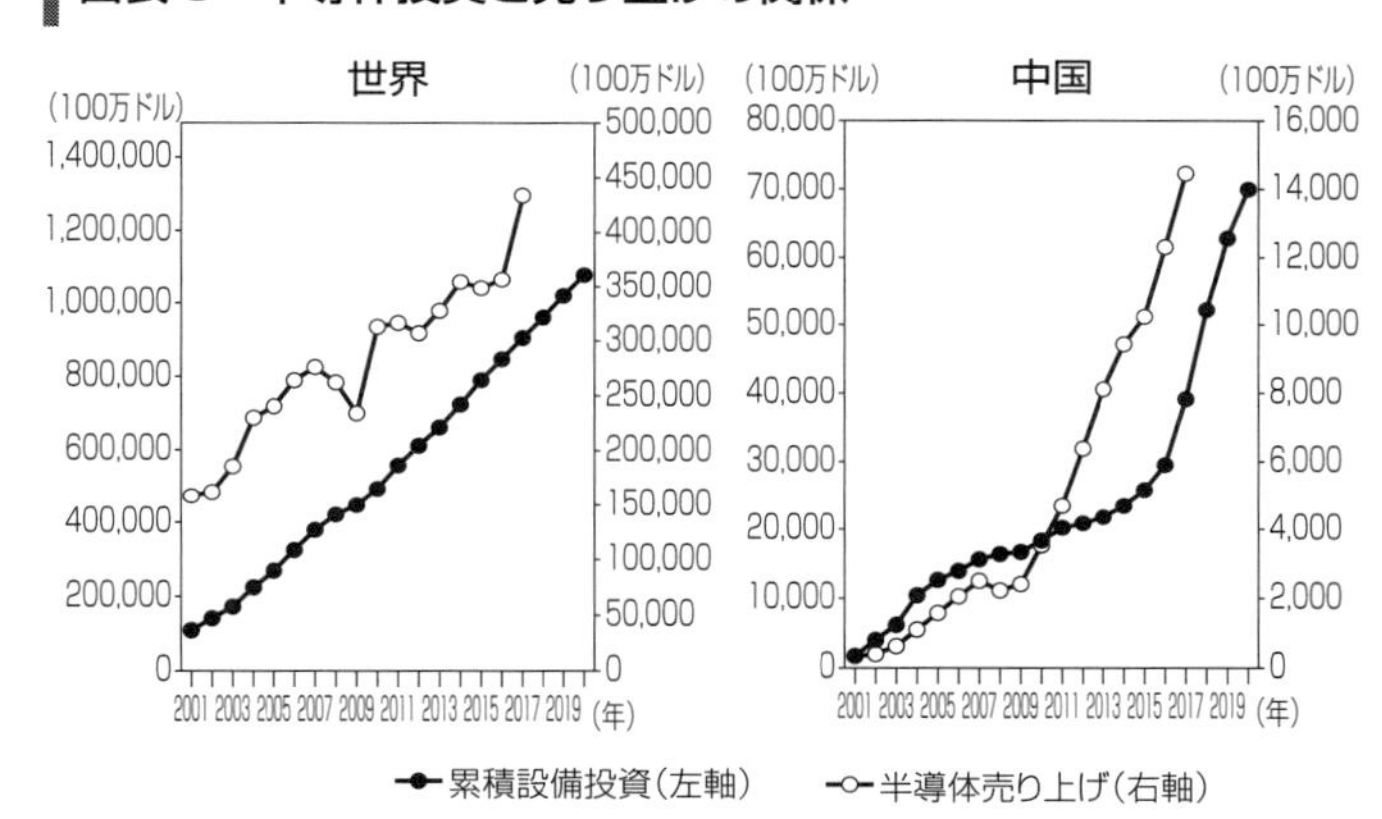

（出所）IHS マークイット資料

大統領との貿易戦争下、中国企業はここでの取引も停止されてしまいました。

結果、半導体製造技術を取得するためには他国の企業の買収、つまりM&A（Merger and Acquisition）を行う必要が生じています。実際、アメリカのマイクロンテクノロジーの買収、サンディスクへの出資などを仕掛けてきました。しかし、アメリカ商務省の反対から、M&Aは中国の思い通りに進んでいません。

このような状況から、中国の半導体の技術力が急速に増すとは考えられません。

図表5は半導体産業が投資産業であることを示すグラフです。左側のグラフは、世界の半導体累積設備投資金額と、半導体市場の売

上金額を表示しています。累積設備投資金額と売り上げ規模の相関性が高いことが分かります。

一方、右側のグラフは、中国での累積設備投資金額と、半導体の売り上げ規模を表示しています。二〇〇〇年代では、投資に見合わない売り上げしか達成できませんでした。すなわち、技術力が不足していたことを明確に示しています。

第三章　中国はなぜＩｏＴ大国を目指すのか

中国製半導体は低価格品だけ

ＩｏＴを中心とする第四次産業革命で、一党独裁体制の中国が他国をリードする可能性が低いことについてはすでに述べました。そこで本章では中国の現状と、中国が抱える問題について語っていきます。

中国が製造する半導体は、汎用ロジックＩＣとディスクリート半導体、そしてＬＥＤなど、低価格なものがほとんどです。

「汎用ロジックＩＣ」とは、様々な論理回路に共通して必要とされる個々の機能を一つの小型パッケージにまとめた集積回路で、古くから製造されている半導体です。また「ディスクリート半導体」は、ＩＣやＬＳＩなどの複雑な半導体とは異なり、一つの機能のみを備えている単純な半導体。そして「ＬＥＤ」は、蛍光灯（けいこうとう）に代わる照明として広まっています。

大型の設備投資を続けてきた中国はいま、製造が単純な分野で急速にシェアを伸ばしている状況です。消費先を見ても、中国国内のメーカーと一部アジアの機器メーカーが、安価であることを理由に採用している程度です。

そのため今後、中国がより飛躍するには、技術力を高めることが必要です。当然、中国は他国の企業の技術力を取り入れようと考えるでしょう。このとき最も手っ取り早い方法は、M&Aで技術を持つ企業を買収することです。

しかし、買収できそうな企業は、日本や欧米には少ない。特にアメリカ企業を買収しようとすると、政府の厳しい審査があるため、実現の可能性はほぼゼロでしょう。日本企業も、中国に技術が流出しないよう経済産業省に監視されており、中国側も簡単には買収できない状況です。だから必然的に、台湾などアジアの企業を買収することになります。

既存の半導体メーカーにとって脅威となる中国メーカーは、中国政府の資金が投入されるプロセッサメーカー、通信チップメーカー、NAND型フラッシュメモリメーカー、DRAMメーカー、LCDドライバメーカーなどが考えられます。

中国の半導体への過剰投資

中国は自国の半導体産業を育成するため、五ヵ年計画で四兆円以上の投資を行う予定です。これはあくまで中期的な計画であり、二〇三〇年までに世界トップ10(テン)に入るような半導体企業を育成する長期的な計画も掲げています。

しかし、現在、世界の半導体設備投資が年間約六兆円弱であることから考えれば、毎年一兆円規模の設備投資は、いずれ過剰設備を生み出す可能性があります。これまでも中国は、鉄鋼、太陽光発電、液晶ディスプレイ、LEDなどで、過剰設備による過剰生産を続けてきました。

米中貿易摩擦が生じなければ、二〇二〇年ごろからは、NAND型フラッシュメモリ市場で、世界の設備投資が二〇%近く増加する見込みでした。中国は一二インチウエハを中心に、二〇二〇年までに生産能力が二倍に増えたでしょう。結果、メモリは大幅な供給過剰となり、価格下落のせいで壊滅的な事態を招いていたかもしれません。

人件費上昇でIoTを進める中国

中国の未来は決して安泰ではありません。

米中間では貿易摩擦が激化しています。新聞などでは貿易摩擦ではなく「米中貿易戦争」という言葉が使われていますから、その激しさがよく分かります。「米中冷戦」という言葉も人口に膾炙するようになりましたが、そこには長期戦になるという意味が込められているのです。

しかし、この米中間の争いによって、日本企業が恩恵を受けることになるのは間違いありません。

半導体産業の育成だけではなく、中国は二〇一五年に策定した長期発展戦略「中国製造2025」で、次世代情報技術やロボット、あるいは航空・宇宙設備などを重点分野と位置付け、製造業の高度化を目指しています。そしてこの戦略のもと、ハイテク産業の育成を加速させました。だからこそアメリカは、中国に経済戦争を仕掛けているのです。

中国がハイテク産業の育成に力を入れているのは、IoTを意識してのものです。IoT分野を支配すべく動いているわけです。

過去一〇年、中国は他国企業の製品を安い人件費で製造する、世界の工場でした。しかし、GDPが増えるとともに、中国の人件費は、同じ一〇年間で約四倍にもなりました。

二〇一七年度の日本貿易振興機構（JETRO）の資料から、アジア諸国の一般工の平均月給を見てみましょう。ミャンマー（ヤンゴン）は一三五ドル、カンボジア（プノンペン）は一七〇ドル、ベトナム（ハノイ）は二〇四ドル、フィリピン（マニラ）は二三七ドル、インドネシア（バタム）は二八五ドル。対する中国はエリアによって差があるものの、工場が数多く立地する都市の平均月給を見ると、大連は四四二ドル、深圳は五一八ドル、広州は五三七ドル、上海は五六〇ドル、そして首都の北京は七四六ドルにも上ります。

この人件費は、アジアだけでなく、中南米や東欧の国々と比べても高額です。そのため各国の企業は、中国からの撤退を進めています。その結果、中国は以前ほど外貨を稼げなくなりました。

だからといって、国内の人件費を下げるわけにはいきません。国民の生活水準が向上することだけが、中国共産党による一党独裁体制を正当化しているからです。

すると、このままでは中国に勝機はありません。だからこそＩｏＴの技術を使い、工場をスマートファクトリーに進化させようとしているわけです。

深圳市の交通システムの成果

すでに中国がＩｏＴを活用して成功している事例があります。広東省深圳市の取り組みです。これについては、日本総合研究所のウェブサイトに掲載された研究員・石川智優氏の論文「[次世代交通]第1回　次世代型の都市交通システムによる都市部の交通課題解決～深セン市での取り組みを例に～」を参考に解説します。

深圳市は、四〇年ほど前まで、人口約三〇万人の漁村でした。それが現在では人口約一三〇〇万人の巨大都市となり、市内には世界の工場が集まっています。その規模たるや「中国のシリコンバレー」といわれるほど。急速に進んだ都市化に伴いインフラ整備が進み、一気に自動車社会となりました。

こうしてインフラ整備は進んだものの、深圳市は中国で最も車両密度が高い街となりました。道路一キロあたりの保有車両数は、日本が二二一台であるのに対して、深圳市は五三〇台にも上ります。結果、市内の至るところで渋滞が発生し、深刻な社会問題になっていました。

そこで深圳市は、人工知能による交通課題の解決を試みたのです。次世代型の交通システム「トラフィックブレーン（Traffic Brain）」というシステムで、交通渋滞は約八％も緩和されたといわれています。

この施策に際しては、交通警察と市内に本社を置くファーウェイが共同で技術革新研究所を設立。同研究所を中心に、市内の交通データの分析やアルゴリズムの開発を行い、トラフィックブレーンが開発されました。信号部に取り付けたカメラや信号情報などからリアルタイムに交通情報を取得することで、各交差点の状況を把握し、管理者などに伝達するというものです。

このシステムでは、まず各所から取得した交通データを統合プラットフォーム上で仕分けし、そのデータをアルゴリズムに当てはめます。そうしてリアルタイムに交通状況や走行車両の状態を判断します。その正答率は九五%以上。取得したデータや判断結果は蓄積され、データを取得するほど正確な判断が可能になっていきます。

このトラフィックブレーンを導入することで、市内の輸送力が向上し、交通事故も減少しました。加えて、市の道路計画の策定支援、違法車両や違法行為の摘発も、効率的に行うことが可能になりました。

そして導入から約一年で、交通渋滞を八%緩和させ、重大な交通違反を三万七〇五五件も摘発しました。複製されたナンバープレートを持つ車両（不正車両）八七四台を摘発したとも報告されています。

こうした深圳市の取り組みには、各国も追随することになるでしょう。ＩｏＴにおける交通革命については後述します。

世界一を目指す中国の危うい計画

先述の通り、中国の製造業は、自国の技術だけで成立する状況ではありません。他国から素材や部品を輸入して、安い人件費で完成品を造って世界に売る、これが中国のやり方です。

その中国が最も多く輸入してきた部品の一つは半導体です。半導体を輸入するために石油より多くのお金を費やしており、その額は年間約一八兆円にも上ります。世界の半導体の売り上げは年間五〇兆円程度なので、約四〇％は中国が買っているということになります。

もちろん、この状況は中国にとっては理想的とはいえません。中国政府は二〇四九年の建国一〇〇年に向けて、「世界一の経済大国・世界一の軍事大国」になろうと本気で考えているからです。

二〇一七年秋の中国共産党第一九回全国代表大会のあと、中国は世界一の経済大国・軍事大国になることを目標に掲げました。そのためにも事態を打開しなければならず、各分野で中長期的な計画を立てています。また、先述の「中国製造２０２５」では、目標の一つに半導体の完全国産化を挙げています。

先述の通り、ドイツはＩｏＴを使って製造業の革新を目指す「インダストリー４・０」を策定しました。その中国版といえる計画が「中国製造２０２５」です。

同計画では、「今後一〇年間で製造大国から製造強国への転換を目指す」としており、「工場の自動化、無人化にも深く関わる次世代情報技術、高度数値制御工作機械・ロボットなどに重点を置いて取り組んでいく」と謳っています。今後は税制の優遇措置や補助金の支給で、工場の自動化や無人化を推進するはずです。

いち早くこれを進めた例として有名なのは、遼寧省瀋陽市にある家電メーカー・ハイアールの冷蔵庫工場です。この工場では、ロボットなどの製造機器と、研究開発データや消費者データがインターネットでつながっており、消費者ニーズに細かく応えられるようなラインを完備しています。そのため、五〇〇モデル以上の冷蔵庫をフレキシブルに製造できるといいます。まさにスマートファクトリーそのものだといえましょう。

ただ、いま中国が推進している工場のスマートファクトリー化は、外資の技術力頼み。しかし、国内産業のコスト競争力を高めたあとは技術を内製化し、外貨稼ぎの手段とするはずです。そして、まさにこれこそが、中国が「世界一の経済大国」を具現化する手法なのです。

こうした流れのなか、資本主義経済では考えられない、採算性を度外視した投資を続ける中国……そうしなければ成長は急速に鈍化します。現在、中国はそれほど深刻な状況下にあるということです。

米中貿易戦争の明確な原因

いま巻き起こっている米中貿易戦争には、明確な原因があります。

中国が世界一の経済大国、世界最強の軍事大国になるという目標を実現させるためには、製造大国から製造強国になり、他国から輸入していた半導体を自国で供給することが必須になりました。

しかし、これをアメリカが許すはずがありません。中国の経済大国・軍事大国化を本気で潰しにかかっています。そうして、まず中国の半導体製造力を低下させるため、貿易戦争を仕掛けているのです。

二〇一八年、アメリカ商務省が、中国通信機器大手のＺＴＥ（中興通訊）に対し、アメリカ企業による製品販売を七年間禁止すると発表しました。イランや北朝鮮へ通信機器を違法に輸出していたことが表向きの理由です。ただ、やはり見せしめのような意味合いもあったと思います。

この件で中国は、「最先端の半導体を調達できなければ国が滅びる」と実感したはず。一方、この展開はアメリカの狙い通りだったことでしょう。中国のハイテク産業の育成プログラムが遅れることになったのですから。

ここで米中貿易戦争の流れを解説し、今後はどのように展開していくかも予測したいと思います。

二〇一八年一二月、アルゼンチンのブエノスアイレスで行われた米中首脳会談で、アメリカは中国への追加関税を延期すると決めました。一方でアメリカは、中国の構造改革についての交渉期限を九〇日以内と区切り、合意できなければ、二〇〇〇億ドル分の中国製品の関税率を一〇%から二五%に引き上げると通告しました。そして実際に二〇一九年五月、アメリカ政府は、中国からの輸入品に対する関税率を二五%に引き上げました。

ちなみにアメリカが対策を求めたのは中国の構造改革で、以下の五項目を挙げています。

①アメリカ企業への技術移転の強要

②知的財産権の保護
③非関税障壁
④サイバー攻撃
⑤サービスと農業の市場開放

上記の五項目はいずれも不公正行為、あるいはモノ・サービス・知的財産権保護等を対象とする国際規範やＷＴＯ（世界貿易機関）の協定違反の事項です。もし中国に上記の事実があるなら、受け入れざるを得ないのです。

中国が「身に覚えがない」「濡れ衣だ」と反論したとしても、その後、もし不公正行為の事実が発覚したら、中国は経済制裁などで大きな代償を払うことになります。

また、表向きには公正さを装う中国は、アメリカの要求をほぼ全面的に受け入れるしかないはずです。そうして追加関税は回避される方向で話が進むだろうと思っていました。

しかし、アメリカは関税率を引き上げた。これは中国にとって、大きな打撃です。

繰り返しになりますが、中国は半導体の供給を止められると破滅します。自国での半導体の供給率は八％と著しく低いうえに、その五〇％以上はアメリカ製品を使っている状況だからです。

つまり、アメリカ製の半導体なくして、中国のハイテク産業は成り立たないということ。これもまた、アメリカに従わなくてはならない大きな理由です。

これだけではありません。ＡＲＭやグーグルもファーウェイへのサポートを中止すると発表しました。

ＡＲＭはスマホ用プロセッサのコアであるＩＰの世界標準になっていますが、そのコアのライセンス提供を中止されたのです。このコアがないと、中国は今後の半導体設計に大きな支障をきたします。

また、半導体設計ツールとして有名なケイデンスやシノプシスについても、ファーウェイとの取り引きを中止しました。これで中国の半導体設計が大打撃を受けることは間違いありません。

米中貿易戦争では、中国が暴走しないようアメリカが継続的に要求を出し、そのたびに中国が応じるといった状況が続く——そのように予測しています。

半導体工場の建設もストップして

中国が半導体を国産化するために力を入れていることは、すでに述べました。ここからは、中国の半導体工場をめぐる状況について解説していきます。

さて、中国国内には、海外メーカーの半導体工場もあります。代表的なのは、インテルの大連工場、サムスン電子の西安工場、SKハイニックスの無錫工場です。また、二〇二〇年稼働のTSMC（台湾積体電路製造）の南京工場もあります。

一方、中国企業も工場建設に向けて動いています。JHICC（福建省晋華集成電路）は晋江市にDRAMの工場を、CXMT（チャンシン・メモリー・テクノロジー）は合肥市にDRAMの工場を、そしてYMTC（長江ストレージ）は武漢市に三次元NAND型フラッシュメモリの工場を建設予定です。

ところが、JHICCはマイクロンテクノロジーの技術の不法コピーで起訴され、二〇一八年一一月、日米企業からの設備購入が禁止されました。結果、工場建設もストップしています。また、他の二つの工場にも、製造装置や材料の輸出規制が広がると見られ、投資が先送りされる可能性が高いようです。

これはアメリカの狙い通りでしょう。半導体製造装置の中国への輸出規制、あるいは中国との合弁会社への技術供与の禁止は、これからどんどん強まっていくと予想されます。それと同時に、アメリカは日本やヨーロッパにも足並みを揃えるよう要求してくるはず。もちろん日本政府や企業は、これに応じることになるでしょう。

米中貿易戦争で日本はどうなる

振り返ってみると、日米間にも、一九八〇年代後半に激烈な貿易摩擦がありました。当時、経済的には日本が一人勝ちの状況。するとアメリカは、日本に対し、半導体の二〇%以上は外資から購入するよう圧力をかけてきたのです。

安全保障の面でアメリカに依存している日本は、その圧力に従わざるを得ませんでした。そうして日本から多くのお金がアメリカに流れていったのです。

問題はそれだけではありません。アメリカから半導体を輸入するに伴い、日本の半導体技術はどんどん低下していってしまいました。そして、いまアメリカは、これと同じことを中国に対して行っているのです。

対する中国も、三〇年前の日本同様、断りたくても断れない状況です。先述した通り、もしアメリカの要求を拒否しようものなら、現在、中国が輸入している半導体を完全に止められてしまうからです。そうなると中国は破滅する……国内に高度な半導体を造る技術がないからです。

強気なアメリカは、中国が歯向かおうものなら、本当に半導体の輸出をすべて止めてしまうかもしれません。結局、中国は、アメリカの要求をのむしかないでしょう。

こうして中国が、アメリカの指定するタイプと量の半導体を輸入するとなると、アメリカはもちろん、日本からも輸入することになります。これによって、日本企業は大きな恩恵を受けることでしょう。つまり現在の状況は、日本企業にとって、大きなチャンスとなるのです。

一方、最先端の半導体を自国で製造できない中国は、その製造技術を手に入れるため、エンジニアをアメリカに送り込んでいます。送り先はアメリカの大学や企業。そうして日に日に技術を向上させています。その甲斐あってか、半導体の設計はできるようになりました。そして、プロセッサや通信チップなどは、アメリカの製品を上回る性能を身に付けるまでに成長したのです。

しかし問題は製造装置です。これは輸入に頼らざるを得ず、日本を中心とした国々が供給しています。そのため中国が自国で高度な半導体を造れるようになるには、最短でも五年から一〇年ほどの時間がかかると思われます。

では、日本企業にはどのような影響があるのでしょうか？　日本企業が潤うことは間違いありませんが、まったく弊害（へいがい）がないわけではありません。実際、日本の半導体製造装置メーカーや工作機械メーカーでは、中国からの受注が減ってきています。

ただ総体的に見れば、日本の立場はますます有利になります。三〇年前の日米貿易摩擦では、中国や韓国、そして台湾が漁夫の利を得ましたが、米中貿易摩擦では日本が潤うことになるでしょう。

では、具体的にどのような分野が潤うのか？　まずは先述した半導体です。中国が消費する半導体の五〇％はアメリカ製の半導体ですが、中国は防衛上この比率を下げるため、日本製の半導体の採用を加速させるはずです。同時に韓国や台湾の半導体メーカーも恩恵を受けるでしょう。

次に自動車です。アメリカのメーカーの苦境とは対照的に、日本のメーカーは対中投資を増加させています。日本車のシェアが上昇しているからです。トヨタはＰＨＶ（プラグインハイブリッドカー）技術によるシェア拡大を狙っています。やはり米中貿易戦争によって、ますます日本車のシェアは上がることになるでしょう。

中国の半導体工場で見た惨状

中国は二〇一〇年の名目GDPが五兆八七八六億ドルとなり、日本を抜いて世界二位となりました。もちろん、この数字を疑う声は多くありますが、中国が経済大国であることは間違いないでしょう。しかし、人民がその恩恵を受けているかといえば、否定せざるを得ません。

そんな中国は、「中国製造2025」で長期的な戦略を立てて動いています。IoTの推進もその一環。とはいえ、中国がIoT化を進めたところで、やはり一四億の人民が幸せになることはなさそうです。なぜか？　工場などのIoT化により、職を失う労働者があふれることが確実だからです。

しかし、そうした労働者をどうするのか、そこまで中国政府が考えているようには思えません。つまり、理想論ばかりを述べるが緻密（ちみつ）な計画はない。「アジアインフラ投資銀行（AIIB）」や「一帯一路」を見ても、いっていることは立派でも、実態が伴っていません。中国の計画はすべてがそうなのです。

GDPが世界二位になったとはいえ、相変わらず人民の所得格差もひどい。約六〇％を占める農村戸籍の人々を奴隷のように扱い、共産党員を中心とする都市戸籍を持つ一部の人たちが裕福な暮らしを送っています。農村戸籍の人々には、成功をつかむチャンスすらありません。

これがまっとうな社会だとは思えませんが、それでも中国は、このやり方を、共産党の一党独裁下で続けてきました。

異常なのは社会構造だけではありません。工場もそうです。私は何度も中国の半導体工場を視察したことがあります。数年前に訪れたのが最後になりますが、まず工場内が日本のように整然としていません。半導体に異物が混入するなど御法度のはずですが、とにかくその工場の汚さといったら……もちろん最先端の工場では改善されているとは思いますが。

加えて、人材についても疑問を感じました。労働者全体が同等の知識や技術を習得していないのです。そのため、同じ品質の製品を造ろうという意識が希薄になります。「プロフェッショナルな雰囲気に包まれた日本の工場とは、まったくの別物だ」と感じました。

そのためかどうか、従業員の定着率も低く、少しでも条件の良い会社があると、すぐに転職してしまうと聞いています。

ただ、これもまた、中国がＩｏＴを推進する理由の一つになっているようです。中国では人が介入すると製品が粗悪化するので、ＩｏＴ化した工場を造り、改善しようとしているのです。

インフラ投資で膨らませたＧＤＰ

中国がＩｏＴ化を推進する理由はもう一つあります。

国家による過剰なインフラ整備などで歪（いびつ）な経済成長を遂げたため、いま中国経済の崩壊が叫ばれています。実際、中国はいつ倒れてもおかしくないような状況にあるはずです。これまでは、人民の生活を犠牲にしながら、騙（だま）し騙しの経済運営を続けてきただけなのですから。

最先端の中国製半導体の製造を実現させるなどして、日本やアメリカ並みにハイテク産業を育てなければ、今度こそ中国経済は死んでしまいます。それを自覚しているからこそ、ＩｏＴ化に力を入れ始めたのでしょう。

先述の通り中国は、ＧＤＰを押し上げるため、インフラ投資を続けなければなりませんでした。過去一〇〇年でアメリカが消費したコンクリートは約四五億トンですが、中国は二〇一一年から二〇一三年の三年間で約六六億トンものコンクリートを消費しました。その結果、高速鉄道は二万九〇〇〇キロにわたって敷かれ、日本の約一〇倍の距離になりました。また、高速道路は一三万キロでアメリカの二倍、日本の一四倍の距離。二〇〇メートル以上の高層ビルは約四〇〇棟あり、アメリカの二倍、日本の一〇倍になります。

しかし問題は、そのほとんどが赤字事業のため、利益を生み出していないことです。たとえば北京と大連をつなぐ高速鉄道は、海沿いと内陸部に並行して二本敷かれています。が、本当は一本で済むことは、その閑散とした車内を見れば分かります。

そう、いま中国が投資を続けるためには、ＩｏＴ関連の大型プロジェクトを立ち上げるしかないのです。そうしなければ、すでにマイナス成長に陥ったとさえいわれる中国経済は、すぐに崩壊してしまうからです。

そんななか、人件費の高騰や欧米企業の自国回帰の動きもあり、中国政府も危機感を募らせています。アリペイ（中国の電子商取引大手アリババが手掛ける）のスマホ決済システムなどは、外貨獲得の次の一手に使えるかもしれません。

近年、中国で財布を持つ人が激減しました。買い物も運賃も食事も、電子決済で済んでしまいます。この新しいサービスでは、大量のビッグデータを取得することも可能です。

それが様々なＩｏＴサービスを生み出すことになるでしょう。そうして、このシステムを一帯一路の主要都市に移植していけば、中国としては珍しいソフト面から収益を得る産業を構築できるかもしれません。

第四章　ＩｏＴ「四つの神器」

IoT「四つの神器」が揃う国

ここまで述べてきたIoT時代、そのとき、なぜ日本企業は復活するのか——それには明確な理由があります。

IoT製品を造るには、必ず以下の四つの製品が必要になります。

①レガシー半導体
②電子部品
③モーター
④電子素材

パソコンやスマホにも、これらの製品は使われていますが、今後、成長が期待されるコネクティッドカーや産業機器でも、必ず使われます。

この四つの製品が一つでも欠けていると、IoT製品を完成させることはできません。

しかし、四つの製品すべてを自国で製造できる国は日本だけであり、他の国は、アメリカもドイツも中国も、欠けている製品を輸入して完成品を製造しています。日本には、この「四つの神器」ともいえる主要技術が、すべて国内に揃っています。日本はＩｏＴの分野で断然、優位な立場にあるといえるでしょう。

ＩｏＴの時代においては、ヘテロジニアス、すなわち異種の技術を融合させた新たな技術が求められます。

たとえばＩｏＴ製品には、無線センサーモジュールが配置されます。その際には、半導体素子だけでなく、センシング機能、メモリ機能、データ処理機能、電源機能、無線機能も必要になります。これらをコンパクトに、かつ低コストで融合させるための、新たな実装技術が必要となるのです。

また、これら無線センサーモジュールから集められたビッグデータを分析するためのデータセンターでも、四つの主要技術の融合が求められています。

現在、２・５ＤパッケージやＦＯ-ＷＬＰ（Fan Out Wafer Level Package）という高密度の実装を実現した半導体が開発されています。今後はさらに高密度な実装が求められるようになることは確実です。

これまでは、前記の四つの製品をバラバラに購入して組み立て、完成品にしていました。しかし、それでは小型化や高速演算に対応することができなくなってしまいます。

だからこそ、前記の四つの主要技術を融合させ、さらなる小型化や高速化が可能な製品を造る必要があります。四つの主要技術は世界で唯一、日本だけに与えられたもの。それを理解し、その利点を最大限に活かすべきでしょう。

そして、企業同士も連携していくべきであるのは、いうまでもありません。先述した「レガシー半導体」「電子部品」「モーター」「電子素材」の四つの製品をすべて製造している企業は存在しないのですから。

レガシー半導体とは何か

ＩｏＴに欠かせない四つの製品のなかで、注目すべきは半導体です。というのも、ＩｏＴ製品に使われる半導体は、ＤＲＡＭやマイクロプロセッサのような最先端デジタル半導体ではなく、「レガシー半導体」と呼ばれるアナログ半導体であるからです。

この「レガシー」を直訳すると「遺産」という意味になるため、なんとなく古臭いイメージを抱いてしまうかと思います。インテルやサムスン電子のマイクロプロセッサに代表される半導体こそ最先端の半導体である、と。

しかし、レガシー半導体はアナログですが、技術的に低位にあるというわけではありません。デジタル半導体とレガシー半導体は完全に別物と考えてください。

ＩｏＴ社会では、このレガシー半導体の需要が増すことになります。

パソコンやスマホやテレビなど、デジタル半導体をたくさん使っている製品は、メモリ、マイクロプロセッサ、高機能ロジックを中心に構成されています。これらの製品は、とにかく微細化を必要としています。

一方、ＩｏＴで大きく変わろうとしている自動車や産業機器は、レガシー半導体たるパワー半導体やセンサーを中心に構成されることになります。

まずは自動車。自動車には、数多くのパワー半導体に加え、センサーなどアナログ製品が搭載されています。

また、工場でもレガシー半導体が使われます。たとえば工場でビッグデータを集める際には、すべてセンサーを用いて集めることになります。温度、湿度、振動、圧力、流量、加速度、光……これらの情報は、レガシー半導体でないと感知できないのです。

というのも、センサーから入ってくる情報のほとんどはアナログ信号。結果、レガシー半導体が、いまよりも活躍の場を広げることになるのです。

より分かりやすく説明します。図表6の写真は「センサーネットワークデバイス」の電子基板です。センサーネットワークデバイスとは、ＩｏＴ実現のために必要な製品。この製品を工場のあらゆる装置に付ければ、装置の稼働状況を監視することが可能になります。そうして、これらセンサーから集められたデータを使い、装置の異常をいち早く感知したり、あるいは故障を予知したりできるようになるのです。

また、データを分析して不良製品の発生場所を特定したり、「トレーサビリティ（Traceability）」を実現したりすることも可能になります。トレーサビリティとは、トレース（Trace）とアビリティ（Ability）を組み合わせた造語。直訳すれば「追跡可能性」という意味になりますが、要は、ある製品がいつ、どこで、誰によって造られたか、追跡することが可能になるのです。

このセンサーネットワークデバイスは情報を入手・処理するためのものであり、ＩｏＴ製品には欠かせない部品になります。大きさは縦三センチ×横一・五センチ程度で、無線チップとセンサーが搭載されています。

ちなみに、無線チップとはデータを通信するためのパーツ。センサーは音を感知する音センサー、温度を感知する温度センサー、傾きを感知する二軸磁気センサー、加速度を感

図表６　多くの電子部品が載るセンサーネットワークデバイス

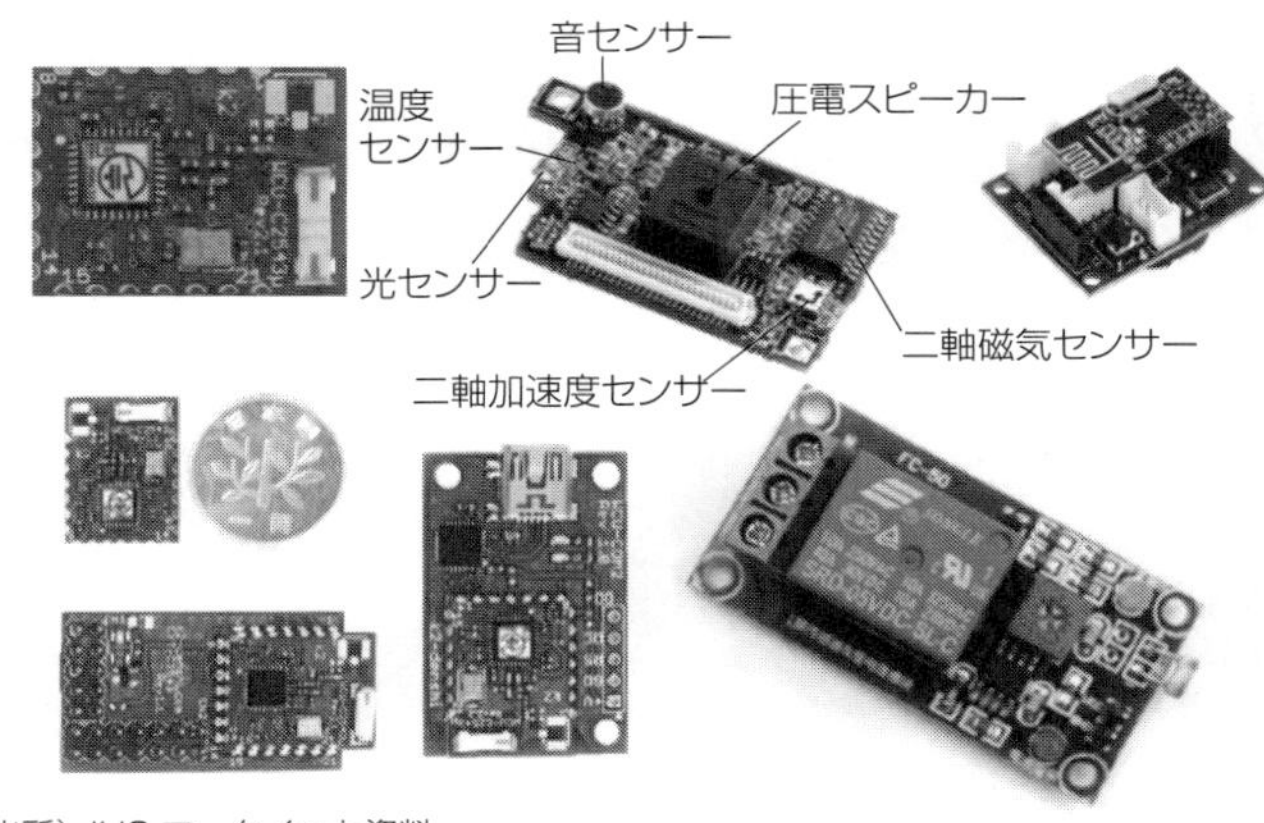

（出所）IHS マークイット資料

知する二軸加速度センサーなどで、それらが組み込まれています。

さて、デジタル半導体に強いメーカーは、インテル、エヌビディア、サムスン電子、クアルコムです。

一方、アナログ半導体となると、外資メーカーではテキサス・インスツルメンツ（米）、インフィニオンテクノロジーズ（独）、ボッシュ（独）などが有名です。日本のメーカーではＣＭＯＳ（シーモス）イメージセンサー（相補型金属酸化膜半導体を用いた固体撮像素子）の**ソニー**、パワー半導体の**三菱電機**や**富士電機**、そして**ローム**などがシェア上位にあります。

ＣＭＯＳイメージセンサーは、これまでス

マホで急成長しましたが、今後は自動車に複数個搭載されると予測されています。詳細は後述しますが、パワー半導体は、エアコンや産業機器のモーターに使われるインバータや、各種電子機器の電源に使われています。今後は自動車にも複数のモーターが搭載され、産業機器の自動化も進むので、さらに多くのモーターが採用されることになります。

東芝メモリが持つ大きな可能性

経営再建中の東芝は、中国家電大手の海信集団（ハイセンス）グループにテレビ事業を売却し、シャープにパソコン事業を売却しました。

そんな東芝には、半導体という財産がありました。半導体メモリ子会社の**東芝メモリ**（二〇一九年一〇月一日付で**キオクシア**に社名変更）です。しかし、二〇一八年六月、同社はアメリカ投資ファンドのベインキャピタルが軸となり、韓国SKハイニックスが参加する日米韓連合の傘下に入ってしまいました。

東芝メモリはNAND型フラッシュメモリだけを製造・販売している会社ですが、サムスン電子やSKハイニックスはDRAMも持っており、安定的に事業を営んでいます。

このDRAMもNAND型フラッシュメモリも、パソコン、スマホ、データセンターのストレージ（補助記憶装置）に一緒に使われています。したがってＮＡＮＤ型フラッシュメモリだけを持っているよりは、ＤＲＡＭも持っていたほうが、より安定した経営が可能になるわけです。

かつて韓国企業は、中国企業と同様に、日本の技術を模倣、あるいは日本企業から技術者を引き抜いて、技術の蓄積を行ってきました。ゆえに、東芝メモリの技術もＳＫハイニックスに流れてしまうのではないかと危惧されています。

しかしＳＫハイニックスは、メモリ分野ではサムスン電子に次いで世界第二位の企業です。東芝メモリが手を組んで新製品を共同開発する相手としては、必ずしも悪くないと考えています。

なぜなら、東芝メモリはＮＡＮＤ型フラッシュメモリの製造を得意としていますが、ＤＲＡＭの製造は行っていません。逆にＳＫハイニックスはＤＲＡＭが得意でＮＡＮＤ型フラッシュメモリが苦手。しかし、両方の技術がなければ、ＳＳＤ（記憶装置）の製造はできません。ちなみにＳＳＤは、パソコンやデータセンターのサーバーに搭載されるストレージです。

パソコンのストレージは、階層でいうと一番下にＨＤＤ（Hard Disk Drive）があり、その上にＳＳＤ（ＮＡＮＤ型フラッシュメモリで構成）、さらにその上にＤＲＡＭ、一番上にＳＲＡＭのような速いメモリやプロセッサがあります。それで一つのストレージシステムを構成しているのです。

ＨＤＤしかないと、パソコンの動きは遅くなります。動きが速い半導体メモリを入れることによって、初めてパソコン内でデータのやり取りが素早くできるようになり、パフォーマンスが上がるのです。

メモリにはスピードと容量の大きさに差があるため、いくつかのメモリを組み合わせることによって、コスト面でもスピード面でも優れたものになるよう工夫しています。ＳＲＡＭは高速ですが、消費電力が多く高額なので、それだけですべてを構成するわけにはいきません。だからこそ階層を構成するようになっているのです。

そして、東芝メモリはＮＡＮＤ型フラッシュメモリを持っており、ＨＤＤのシェアは世界第三位です。ＤＲＡＭの技術も持ったらセット販売ができるようになり、いまよりも強い企業になることは確実です。

東芝メモリは、これまでは他社からＤＲＡＭを購入してＳＳＤを製造してきました。しかし、今後はＤＲＡＭを得意とするＳＫハイニックスと手を組むことになりました。結果、東芝メモリとＳＫハイニックスはＮＡＮＤ型フラッシュメモリもＤＲＡＭも造れる企業になり、さらにＨＤＤを組み合わせたストレージを提供する、強い企業になる可能性も生まれたわけです。

ところで、ＳＫハイニックスは東芝メモリに出資するだけで、技術取得の権利はありません。東芝メモリは、自分たちのやり方に口を出されたくないのでしょう。

ただ、今後は条件を受け入れたＳＫハイニックスに東芝メモリが歩み寄り、世界一を目指す企業連合を実現してほしいと思います。

圧倒的なシェアを誇る電子部品

ＩｏＴ分野の電子部品においても、日本企業が優位に立っています。電子部品では**村田製作所**や**京セラ**などが強く、世界一の技術を保持しているといえるでしょう。

電子部品の代表格といえばコンデンサ。電気を蓄えたり、あるいは放出する部品です。直流を通さないで絶縁したり、電圧を安定させたり、ノイズを除去してくれます。電子回路では必ず使うといっていいほどで、電子機器には欠かせない部品です。

また、抵抗器も重要な電子部品です。抵抗器とは、電気を流れにくくする部品で、それそれの回路に合った電流の量に調節してくれます。流れる電気の量を制限し、調整することで、電子回路を適正に動作させる役割を持つ大切な部品。これらも日本企業が強みを見せる製品です。

一般的には半導体が注目されますが、これら電子部品がなければ、電子機器は正常に動きません。半導体が正常に動作するためには、安定した電圧やノイズの除去が重要であるからです。

加えて日本企業はコイルの分野でも強く、その世界シェアは六〇%程度あります。コイルは電圧を上げ下げしたり、もしくは電流を安定させたりする働きをします。**ＴＤＫ**、**埼玉村田製作所**、**太陽誘電**などが代表的なメーカーです。

この他にも水晶発振器やＳＡＷフィルタなどの電子部品がありますが、これらも日本企業が世界シェアの五〇%以上を握っています。前者の代表的なメーカーは**セイコーエプソン**や京セラ、後者の代表的なメーカーはＴＤＫや村田製作所です。

やはり日本企業が造る電子部品には、世界から絶大な信頼が寄せられているのです。

日本の電子部品企業の四つの強み

日本の電子部品メーカーは早くから海外生産を本格展開し、海外生産比率は七〇％にも達しています。一方、国内生産の規模も維持されており、半導体とは対照的な動きを見せています。

日本の半導体の世界シェアは一〇％以下になってしまいましたが、ＩｏＴ関連の電子部品では日本企業が高いシェアを誇っており、なんと四〇％以上を維持しています。競争力の強さが際立っているのです。

こうした電子部品には、抵抗器、コンデンサ、コイル、水晶振動子、ＳＡＷフィルタなどの受動部品、コネクタやスイッチなどの接続部品、スピーカーや小型モーターなどの変換部品、電子回路基板などが含まれ、家電製品、コンピュータ、通信機器など、あらゆる電子機器に搭載されています。

電子機器需要の牽引役ともいえるモバイル機器では、高性能化と多機能化に伴い、基板に搭載される電子部品の数量が大幅に増加しています。積層セラミックコンデンサ（ＭＬＣＣ）の一台当たりの搭載数は、従来型の機器で一〇〇個から二〇〇個だったのに対し、スマホではローエンド機で二〇〇個から四〇〇個、ハイエンド機では六〇〇個から一〇〇〇個にも達します。結果、付加価値の高い超小型部品が中心となっているのです。

モバイル機器やウエアラブル機器などは、限られたスペースに多くの機能を盛り込む必要があり、電子部品にはさらなる小型・薄型化と大容量化の両立が求められています。

たとえばMLCCは、厚さ一ミクロン程度の誘電体シートを数百層重ね合わせて蓄電と放電を繰り返す製品で、〇二〇一（〇・二五ミリ×〇・一二五ミリ×〇・一二五ミリ）サイズを実現しています。まるで砂粒のように小さな部品で、これ以上小さくなると実装が困難になるため、他の部品と融合させて一緒に造り込むことが必要になってきます。

では、なぜ日本の電子部品メーカーは強くなったのでしょうか？　これが分かれば次のIoTの時代にも「勝ち組」企業になることができます。その強みの源泉にはいくつかの要因がありますが、大きく分けて以下の四つです。

①独立系のメーカーが多く、創業者精神が強いことが従業員の力を束ねることにつながっている。独立系であるため売り先を外に求めざるを得ず、国内外の有力企業との取引を全社一丸となって開拓し、提案型の開発力を蓄積している。日系半導体メーカーの多くは、総合電機メーカーの一部門であったため、販売は自社優先であったこととは対照的。

②独自の製造方法を確立しており、半導体のように製造装置を購入してくるのではなく、自社開発の製造装置で製造をブラックボックス化している。また、材料から手掛ける企業も多い。電子部品の性能を左右するのは材料の良し悪しのため、材料から一貫生産して性能と品質向上させ、簡単には真似できない独自の製品ができ上がる。

③グローバル化が早かったので、海外販売比率が九〇%に達する企業もあり、現地での生産や技術サポート体制を拡充することによって、海外の有力企業との取引が拡大可能になっている。

④モジュールも強さの源泉となっている。電子部品各社は、海外ユーザーの様々な要望に合わせたカスタマイズに無難に対応し、共通ニーズを見つけて基幹部品を開発し、周辺部品だけを変えるモジュール技術を磨いてきた。たとえばスマホでは、複数の通信方式に対応するため回路が複雑化しているが、無線通信の送受信用の部品に電源を組み合わせたモジュールを提供している。

以上が日本企業の強みです。

モジュール化できる国は日本だけ

半導体の周りには電子部品が配置されています。その代表格が、先述したようにコンデンサやコイル。これらの電子部品は、半導体が正常に動作することを手助けする重要な部品です。電子部品がなければ、半導体は誤動作を起こしたり、場合によっては壊れたりします。この電子基板には、まだまだ無駄が多いといえるでしょう。

現在の電子機器は、半導体、電子部品、モーター、ソケット、電子基板などが、すべて別々の企業から調達され、組み立てられています。iPhoneでもそれはまったく同じで、すべての部品を各企業から調達し、台湾のフォックスコンが中国で組み立てているのです。

先にも述べた通り、IoTの時代においては、異種技術の融合を実現する実装技術が求められます。IoT製品には無線センサーモジュールが多く配置されますが、半導体素子だけでなく、センシング機能やメモリ機能、データ処理機能などをコンパクトかつ低コストで融合させるために、新たな実装技術が必要となるわけです。

この技術を実現するには、半導体メーカー単独では限界があります。各社が知恵を持ち寄って、ただ単に組み立てるのではなく、協力しながら造り込む作業が必要になります。まさに、日本がこれまで得意としてきた擦り合わせの作業が求められるのです。

最近では、異なる半導体チップを重ね合わせたり、パッケージのなかに電子部品を埋め込んだりすることも行われています。しかし、実装技術の進化はこれからで、日本の半導体、電子部品、モーター、電子素材の各企業が手を組めば、他国には不可能な実装技術による尖った製品を生み出せるはずです。

ただ現在は、各パーツを、それぞれの企業が別々に造っています。だからコンパクトにまとめることができず、結果として、半導体は電子基板の外に装着せざるを得ません。もし今後、各社が共同で開発・製造するようになれば、電子部品をパッケージ内に組み込むことで、省スペース化や性能向上が可能となりますし、小さなサイズの電子基板を造れるようにもなるはずです。

もちろん、メリットは電子基板が小さくなることだけではありません。というのも、センサーや半導体、あるいは電子部品のあいだに距離があると、抵抗が生じ無駄が出てしまいます。それでは電力消費量も増加するし、ノイズの影響も受けやすくなります。しかし、各パーツを近くにセットできれば、無駄は完全になくなるのです。

つまり、小さくなることでスペース的なメリットが、各パーツを近づけることで消費電力やノイズの低減、そして高速化というメリットがあるのです。

そこで今後は、たとえば日本の半導体、電子部品、モーターのメーカー三社が集まって研究開発を行うべきでしょう。そして、「もっとこんな部品が造れますよ」と、互いに意見を出し合って共同で製造するのです。これだけで、日本は必ず世界一になれます。

さらに材料メーカーが加われば、鬼に金棒でしょう。世界中でできなかった電子機器を生み出すことも可能となります。繰り返しになりますが、レガシー半導体、電子部品、モーター、電子素材の四つの主要技術を高い次元で揃えているのは、世界中で日本だけなのですから。

一一一ページの図表6にあるような電子基板は、現在、普通に造られているものです。半導体や電子部品をそれぞれ購入し、組み立てて、完成させています。しかし、それをゼロから共同で開発・製造し、パッケージのなかに収め、コンパクト化するのです。

このようなモジュールを造ろうとしても、他国では大変な困難を伴います。自国以外の企業の協力が必要となるからです。日本の優位性は動かしようがありません。

世界を席捲する日本の電子素材

電子基板を造る際には、電子素材も欠かせません。この電子素材を提供するメーカーは、AGC（旧旭硝子）やJSRが有名です。この分野でも、やはり日本企業は世界をリードしています。

二〇一九年七月に日本が韓国に対して発動した輸出規制強化によって、韓国経済を引っ張るサムスン電子やSKハイニックスで、半導体の製造が危ぶまれるようになったのは先述した通りですが、その対象となった電子素材「フッ化ポリイミド」「レジスト」「フッ化水素」でも、日本が世界シェアをほぼ独占しています。

やはり、レガシー半導体、電子部品、モーター、電子素材のすべてのジャンルで、日本は世界トップレベルに位置しているのです。

現状、電子素材の分野では、村田製作所や京セラなどが、最も多くの資金と優秀な技術を有しています。当然、このような企業は、いまこそ共同で開発・製造を行うときだと気づいています。まだ半導体企業を買収するような動きには出ていませんが、半導体技術者を雇ったり、あるいは工場を買い取ったりするような動きが始まっています。

さらに一層、国内で横のつながりを意識した動きが活発になることを、心より期待したいと思います。

さて、この電子基板で使われる緑の板は、プラスチックです。スマホなどには、折り曲げることができるプラスチック基板が使われていますが、ここでも日本企業は高いシェアを誇っています。

また、半導体を造る際にはガスや化学製品も必要です。その代表格は、フォトレジスト、ターゲット材、ＣＭＰスラリーですが、それぞれ日本企業が七〇％、五〇％、五〇％ものシェアを握っています。

そして、半導体を造る基盤となるシリコンウエハでも、**信越半導体**と**ＳＵＭＣＯ**が、世界シェアの約五〇％を握っています。

さらにフォトマスクでも、**大日本印刷**と**凸版印刷**が、やはり五〇％近い世界シェアを誇っています。

また、リチウムイオン電池では、正極材は**日亜化学工業**や**住友金属鉱山**などの企業が世界シェアの三〇％を、負極材では**日立化成**や**三菱ケミカル**（旧三菱化学）などの企業が五〇％を、セパレータでは**旭化成**、**東レ**、**住友化学**、**宇部興産**が五〇％を、電解液では三菱ケミカルと宇部興産が四〇％を握っています。

これらの電子素材がなぜ重要かというと、その開発に、途方もない時間と費用と労力が必要になるからです。日本はこれまで、平均二〇年以上もの時間を費やして、電子素材の開発を行ってきました。そうして様々な技術を育て上げてきたのです。それが、現在の日本の電子素材技術の基礎になっています。

スマホや半導体などでの価格競争に敗れた日本企業は、いまその土台となる数多くの技術でオンリーワンの地位を確立しました。この希少性は、IoT時代、そして5G（第5世代移動通信システム）の時代に、ますます強みを発揮し、日本の国際分業上の優位性が際立っていくことになるでしょう。

私の尊敬するアナリスト・武者陵司（むしゃりょうじ）氏は、この現象を指して、「平成を代表するSMAPの歌が日本企業を変えたのだ」と、ユーモアを込めて語られます。そう日本企業は、ナンバーワンではなくオンリーワンを目指す経営にシフトしたのです。

半導体をめぐる世界の動き

加えて日本にとって重要な戦略は、半導体、電子部品、モーター、電子素材の融合です。そして、これが半導体の進化を継続する「日本型ムーアの法則」だと思います。「ムーアの法則」では、一八ヵ月でトランジスタ数が二倍になりました。しかし、このスピードは、間違いなくスローダウンしています。そして、半導体の進化がスローダウンする可能性が高くなる一方で、消費電力は大きくなるばかりです。

このままでは、便利な社会を実現するためのコンピュータや通信機器、あるいは家電や電気自動車が膨大な電力を消費し、電力不足に陥る可能性があります。これを救うのが「日本型ムーアの法則」なのです。

消費電力の大きなCPUに関して、一つの事例を挙げてみましょう。

AI（人工知能）という言葉が新聞紙上に掲載されない日はないほど、最近では一般的な言葉として使われるようになりました。AIが求められている要因は、二つあります。

一つ目は、これまでのノイマン型CPUで、ディープラーニング（深層学習）や膨大なデータ処理を行う際、能力不足が発現し始めたことです。ちなみに膨大なデータとは、通常では考えられないほどの情報量で、一〇テラバイトからのものを指します。

処理能力不足の問題は、半導体の微細化のスピードが鈍化し始めたことに原因があります。これまで五〇年間にわたり、半導体は一八ヵ月でトランジスタ数が二倍になる「ムーアの法則」にしたがって微細化が行われ、ＣＰＵは処理能力を高め、消費電力を削減することができました。しかし、一四ナノメートルあたりから、そのスピードは確実に鈍化したのです。さらに同じウエハを処理するための設備投資が急増し始めたため、経済的にも微細化を続ける理由が薄れてきています。

二つ目は、現在のＣＰＵでは消費電力が大きくなりすぎていることです。現在、ＡＩ用に販売されているチップは、これまでのノイマン型で、依然として消費電力は大きいま
ま。ちなみにノイマン型ＣＰＵを使った代表的な「ＩＢＭ Ｗａｔｓｏｎ（ワトソン）」は、最大八万五〇〇〇ワットの電力を消費しますが、人間の脳は思考時に二〇ワット程度しか消費しないといわれています。

もちろん現在の半導体技術で、いきなり人間の脳に匹敵するチップを製造することは不可能ですが、人間の脳を模倣したＡＩチップを開発することは、これから絶対に必要になります。

現在、データセンターが消費する電力は、世界の総電力の四％程度と試算されています。しかし、ビッグデータを処理することが必要になれば、二〇三〇年ごろには一〇％を超えることもあり得ます。これほど大量に電力を消費するなら、ビッグデータを活用して

エネルギー削減に寄与したとしても意味がなくなります。本末転倒になってしまうでしょう。

いずれにしても、ビッグデータ、仮想通貨、ブロックチェーン、ＡＩなど、最近の技術トレンドにおいては大規模な処理能力を必要としており、もはやＣＰＵの微細化による集積率アップに依存していては、能力が追いつかない状況です。

そこで登場してくるのが、ＧＰＵ、ＦＰＧＡ、ＡＳＩＣのようなＣＰＵを補助する演算処理チップです。もともとＧＰＵは、コンピュータグラフィックに必要な演算を行うためのビデオチップでした。数個程度のＣＰＵのコア数に比べ、ＧＰＵには数千のコア数のものまであります。

ＣＰＵでは汎用的な処理を行います。それに対してＧＰＵは、ＣＰＵの命令を受け、大量のコアによって、シンプルな行列演算を並列処理するのに向いています。

ＧＰＵはもともと画像処理を行うための専用チップでしたが、その後、動画編集、ＣＡＤ（キャド）、３Ｄゲームへと、適用範囲が広まりました。そうした市場が拡大するなか、ＧＰＵの最大手として成長してきた企業が、アメリカのエヌビディアです。

二〇一二年には、グーグルが一〇〇〇台のコンピュータ（二〇〇〇個のＣＰＵ）で猫の画像を認識しました。このディープラーニングの将来性に目をつけたエヌビディアは、翌二〇一三年、このようなディープラーニングの演算処理にGPUを使う実験を行いました。そして、一二個のGPUが二〇〇〇個のCPUに匹敵するという結果を発表しました。こうして現在では、ディープラーニングには当然のようにGPUが使われるようになっています。

次代のコンピュータ基盤とサービスの覇権を握るべく、AIチップの開発競争が始まっています。インテル、エヌビディア、ARM、グーグル、フェイスブック、アップル、アマゾンなどが、新世代のデバイスやサービスの開発に向け、オリジナルのチップを開発しています。

日本企業もこうした動きに乗り遅れないようにしていく必要があります。IoT製品に必要な四つの主要技術が揃っているにもかかわらず、それが無駄になりかねないからです。

第五章　ＩｏＴで激変する社会

ＩｏＴで健康寿命が一〇年延びる

ＩｏＴの技術の普及により、これから社会は劇的に変わることになります。
では実際にＩｏＴ化で、どのような製品やサービスが普及するのか？　本章では、その点について解説していきます。

まずは医療サービスです。早くて一〇年後、遅くとも二〇年後には、ＩｏＴの技術による医療サービスによって、人の健康寿命は一〇年ほど延びることになるでしょう。なぜなら、病気を発症する前に察知できるようになるからです。

ではいったい、それはどのような仕組みなのでしょうか？　まず、この医療サービスを受ける人は、手首にリストバンドタイプのセンサーを装着します。あるいはベッドや便器にセンサーを付けて、診断することも考えられます。

この種のセンサーは、身体の異変などを感知するための装置です。まだ広く普及していないものの、すでに開発は終了しています。たとえば、わざわざ採血しなくても、汗から糖尿病の診断ができるセンサー。ただし、商品化するには、現状よりも性能を向上させなければなりません。

別のセンサーは、対象者の血流、血糖値、血圧、尿酸値、消費カロリー、ストレス度などを計測します。こうして身体の状況を毎日モニタリングしてデータを集めていき、ビッグデータで解析するのです。すると、「あなたは心筋梗塞（しんきんこうそく）になる可能性が高い」などと、事前に分かるようになるわけです。あるいは、「今日は血糖値が高いので、食事は控えめにしてください」などとアドバイスを送ることもできます。これによって、糖尿病に冒される危険性が減少します。

すでに北米には患者の不整脈を測定するＩｏＴ機器があり、装置から医療機関に自動転送されるデータを遠隔モニタリングして、異常時にはサポートが受けられるサービスがスタートしています。

この技術が一般化すれば、三大疾病のうち、心疾患（急性心筋梗塞）と脳卒中は、発症する数時間前には分かるようになります。そうすれば、症状が出て倒れる前に自分で病院に行き、きちんとした治療を受けることもできるのです。当然、後遺症が残る可能性も劇的に減るでしょう。結果、リハビリも不要になり、健康寿命も延びるわけです。

日本人の平均寿命は、二〇一七年に世界保健機関（ＷＨＯ）が発表した「世界保健統計」では、男女合わせると八三・七歳。世界第一位です。しかし多くの高齢者は、必ずしも健康的な晩年を送っているとはいえず、「不健康寿命」も存在しています。

超高齢社会の日本では、国民の年間医療費約四二兆円のうち、約一六兆円を税金で補塡していますす（二〇一六年度）。しかし、二〇四〇年ころの医療費は四二兆円から六八兆円程度になるともいわれており、さらなる補塡が必要になると厚生労働省は試算しています。

そうなっても、なお税金でまかなっていくなど、どう考えても不可能です。だからこそＩｏＴの技術を使い、病との向き合い方を根本から変えていくのです。そう、治療から予防の時代に変える。超高齢社会と医療費に悩む日本であるからこそ、予防に重点を置いた取り組みに力を入れるべきなのです。

こうした医療サービスこそが、一般の日本人が最初に触れるＩｏＴになるでしょう。では具体的に、どのようなサービスが提供されることになるのでしょうか？　おそらく保険会社が先導して、**オムロン**など医療機器を扱う企業と手を組むことになるでしょう。そして、健康保険の一環としてサービスが提供されるようになるのだと思います。

この医療サービスを受ければ保険料が減額される、などのメリットを与えることもできるでしょう。すると、希望する人たちも少なくないはずです。そうして毎日、自分の身体の状況をセンサーで検査し、病気を予防することにつなげていきます。

もちろん、サービス開始直後は高額な料金になります。ただ、加入者が増えれば増えるほど安価になるので、大多数の国民がこのサービスを受けられる時代もやってくるはずです。

また、医療に関しては、ＩｏＴのビッグデータを使うことによって、薬の処方も変わることでしょう。個人の身体や病状のデータを収集していくことで、その人の体質に最も合う薬をカスタマイズできるようになるからです。

たとえば頭痛薬一つをとってみても、人によって合う薬と合わない薬があるものです。そこで、その人の身体に合い、なおかつ副作用が最小限に抑えられる薬を把握して、そうした薬を処方する。これは、ＩｏＴの時代だからこそ可能になる医療です。

5Gで実現する遠隔診察と手術

また、病院をＩｏＴ化すれば、医者と患者が同じ場所にいなくてもよくなります。遠隔地からの診察が可能になり、果てはモニターを通じて手術ができる時代がやってくるでしょう。

現在、日本でも、次世代無線通信システム5G（第5世代移動通信システム）の整備が進んでいます。5Gとは通信の高速化と大容量化を実現させるシステムで、最大で二〇Gbps（ギガビット毎秒）もの通信速度を誇る高速大容量通信です。

IoTでは、分野を問わず、大量のデータの送受信を必要とします。よって高度な通信システムは、IoTの普及にとって欠かせません。日本では二〇二〇年までに都市部を中心に5Gが整備され、やがて日本全土に広がっていくでしょう。

こうした5Gによって大量のデータを高速でやり取りできるようになると、まずは遠隔地からの診察が可能になるはずです。医者と患者の双方が、それぞれ別の場所に設置されたカメラ付きモニターの前に座り、診察が行われるのです。

ただし、現在よりも画質が高精細なモニターを開発する必要があります。正確な診断をするには、実際に診察室で患者と接するときと同じように、モニター越しで患者の容態を見られなければならないからです。ただ、これは今後の技術向上で、必ず実現するはずです。

こうして遠隔地からの診察が実現したら、次は「遠隔手術」が行われるようになると予測しています。患者は手術室のベッドに横たわり、別の場所にいる医者がモニターを見ながら、ロボットを操作して手術するのです。

すでに医療現場では「ダヴィンチ」という手術支援ロボットが活躍中です。執刀する医者は、患者から数メートル離れた場所に設置したコンソールに座り、3Dで映し出される患者の拡大画像を見ながら、レバーでダヴィンチを操作して、手術を行っています。3D画像は最大で約一五倍までズームアップできるため、肉眼で見るよりも正確に患部の状況を確認しながら執刀できるというメリットがあります。

このダヴィンチを使用する際には、医者も患者も同じ空間にいるわけですが、今後はその位置がどんどん離れていくでしょう。すると、地球の裏側にいる名医の手術を受けることも可能になるわけです。

モニター越しの手術というと、不安を感じるかもしれません。しかし、モニターさえ高性能であるなら、ダヴィンチと同様に患部をズームアップすることで、肉眼で見るよりも正確な情報が得られるのです――地球の裏側からでも。手術中の人為的ミスも少なくなるはずです。

もちろん、通信の信頼性を完璧（かんぺき）なものにする必要はあります。手術中に通信障害が起こり、医者側のモニターが映らなくなったら、それは悲劇です。しかし必ずやいつか、遠隔診察と遠隔手術の時代がやってくるでしょう。

日本の道路から渋滞がなくなる日

ＩｏＴの普及によって生じる劇的な変化の一つに、渋滞が消えることが挙げられます。近年、自動車を利用する人が減少したことに加え、東京外環自動車道の一部や首都高速中央環状線、首都圏中央連絡自動車道（圏央道）の主要区間が開通したことにより、東京都心の渋滞は、以前と比べると格段に緩和されました。

とはいえ、まだまだ渋滞は見られます。しかし今後は、ＩｏＴによって、渋滞が一気に解消されるでしょう。

ではいったい、どのようにして渋滞をなくすのでしょうか？　たとえば、いまこの瞬間に環状七号線のＡ地点で渋滞が発生したとします。すると現在でも、カーナビはリアルタイムの渋滞情報を受信して、迂回（うかい）ルートを提案してくれます。比較的空いているルートを走ることで、渋滞を回避できる仕組みです。

しかしＩｏＴの技術では、さらに進化しています。事前に渋滞を予測してくれるようになるのですから。すなわち、Ａ地点で渋滞になりそうだと察知すると、Ａ地点を通らず迂回するように提案してくれるのです。

加えて、その迂回ルートも、各ドライバーの目的地によって様々です。それをビッグデータから判断し、効率的なルートを瞬時に提案することで、渋滞の発生を未然に防いでくれるのです。

それだけではありません。今日は何時ごろにどの道路のどの地点が渋滞になるか、それを正確に予測してくれるようにもなるでしょう。

もちろん現在でも、渋滞ナビを見れば、「今日の午前中は関越自動車道の高坂サービスエリア付近で、下り方面は二〇キロ渋滞する」などと予測してくれます。しかし、これもまたＩｏＴの技術によって進化します。ビッグデータを解析することで精度が上がるため、「もっと早く出発したほうがいい」「このルートを通ったほうがいい」などと、事前に伝えてくれるようになるのです。

こうして各ドライバーに最新の渋滞予測情報を伝え推奨ルートを割り振ることにより、日本の道路から渋滞そのものがなくなっていくでしょう。

また、渋滞を防ぐために信号を調整するという方法も考えられます。実際、空港と駅を結ぶリムジンバスは、公共車両優先システム（ＰＴＰＳ）を導入しています。空港への到着が遅れると、リムジンバスの利用客が飛行機の出発時刻に遅れてしまうからです。そのため優先的な信号制御を行い、所要時間の短縮を図っているわけです。

これをＩｏＴでより正確に行い、すべての自動車にこれらのシステムが導入される時代も到来するでしょう。こうして、より快適でスムーズな移動が可能になるのです。

では、このシステムが、どのようなかたちでドライバーに提供されるのか？　たとえば大手通信企業がシステムを考案し、月額一〇〇円程度で情報を提供するかたちのサービスになるのかもしれません。あるいは、保険会社やロードサービスなどの会社が、システムを構築する可能性もあります。

ただ、すべてのドライバーがお金を払ってこのサービスを受けるとは限らず、それでは渋滞が完全に解消されることにはなりません。よって国が先導し、このシステムを導入する可能性もあります。この場合は、渋滞が予測される高速道路の入場を規制するケースも出てくるでしょう。

完成に至るまでの課題は多いのですが、渋滞が解消されることのメリットは大きいので、必ず実現させなくてはならない施策です。

どんな商品も当日に届く仕組み

ＩｏＴの力によって、運送業界も劇的に変わります。条件にもよりますが、注文したものは、何でもほぼ当日に届くようになるのです。現在でもアマゾンは当日お届けのサービスを行っていますが、さらに進化したものになります。

まず、自動車がインターネットにつながることによって、リアルタイムの渋滞情報や天候情報を、より正確に把握できるようになります。データに基づいた輸送最適化が実現するのです。

現状では、荷物に対して必要な配送車やドライバーの数、輸送ルートと交通状況、輸送コスト、配達希望時刻など、様々な条件を照らし合わせて配送計画を立てています。しかし、ＩｏＴを用いた配送計画自動化システムを実現すれば、最適な配送方法が割り出され、さらには突発的な事故や渋滞にも対応して、配送方法を組み替えることも可能になります。

すると、より効率的なルートを走ることができ、なおかつ安全な走行も実現します。こうして何でも当日に届く時代がやってくるようになるわけです。

ちなみに日本では、渋滞による経済損失は一二兆円にも上るといいます。また、交通渋滞によってCO$_2$も五〇％多く排出されています。しかし、IoTによる自動運転によって渋滞は解消し、死亡事故も九〇％減少することになります。

まず、自動車の位置情報が分かれば、渋滞の予測が正確に行えるようになります。また、天候や各種の交通機関の情報を加えることで、さらに正確な予測が行えるのです。

加えて、自動車にはカメラなど多くのセンサーが搭載されるので、これらによって事故や故障も減らすことができます。これもまた、渋滞が減る大きな理由となるでしょう。

IoTによって交通を取り巻く環境が劇的な変化を遂げることは間違いありません。

注文を受けてから製造する時代に

倉庫のIoT化によって、在庫の管理方法も変わります。現在は、企業が自社の倉庫に、あるいは他社の倉庫を借りて在庫をストックするのが一般的です。しかし、在庫の数が合わないなどのトラブルが起きることもしばしば。そのほとんどは、ヒューマンエラーによるものです。

しかし、IoTで製品にタグ付けし、注文から納品までを一元管理すれば、この手のトラブルのほとんどはなくなるはずです。棚卸（たなおろ）しをする必要がなくなるというメリットもあります。

さらに将来は、倉庫でビッグデータを収集・解析することによって、「今日は何が何個くらい売れるか」を事前に予測できるようになります。季節や天候などを考慮したうえで予測するため、想定外のことが起きない限り的中率は高く、企業は事前に正確な売り上げを予測できるようになるのです。

すると、企業は無駄な品物を大量に抱え込む必要がなくなります。当然、売れ残りリスクも減る。賞味期限の短い加工食品を扱う企業は、確実に、この恩恵を受けることになるはずです。

また、以上のことが可能になると、企業は品物をより安く売ることも可能になります。仕入れた品物が売れずに無駄になるリスクが消えるため、その分のコストを定価に乗せる必要がなくなるからです。倉庫のＩｏＴ化によって品物が安くなる——これはＩｏＴによって私たちが受ける恩恵の一つとなるでしょう。

さらにすごいのは、今後は見込みで製造するのではなく、注文を受けてから製造できるようになることです。それを実現させるには、製造にかかる時間を短縮しなければならないので、ＩｏＴの技術によって効率よく製造することが必要です。

また運送に関しては、先述の通り、現状より早く届けられるようになるので、製造と運送の時間の双方を短縮することによって、注文を受けてから製造することが可能になるわけです。これによって企業は、在庫を抱える必要がさらに少なくなります。この点もIoTの大きなメリットといえるでしょう。

運輸IoT化の三つのメリット

運輸面でIoTを活用するメリットを、改めて三つに分類しておきましょう。

①当日にお届け

現在もバーコードなどで在庫管理をする仕組みは導入されていますが、注文から納品までを一括管理することで、在庫の無駄をなくすことができるようになります。品物にもよりますが、製造工程のなかで一番時間がかかっているのは、次の工程への待ち時間です。また、運送過程でも、渋滞などの待ち時間が最も長い時間を占めます。IoTを活用すれば、この待ち時間の短縮が可能になり、注文してから製造しても、製品をスピーディーに消費者に届けることができます。

②正確な在庫管理

在庫が合わないなどのトラブルの多くは、ヒューマンエラーによるものです。ＩｏＴで製品にタグ付けし、注文から納品までを管理すれば、こうしたトラブルのほとんどはなくなります。棚卸し作業の必要もなくなるため、コスト削減効果は大きいでしょう。

③完璧な輸送計画

データに基づく輸送最適化にＩｏＴは欠かせなくなるでしょう。現状では、荷物に対して必要な配送車やドライバーの数、輸送ルートと交通状況、輸送コスト、配達希望時刻など、様々な条件を照らし合わせて配送計画を立てています。これをＩｏＴによる自動化システムに替え、最適な配送計画を立てられるようにします。結果、突発的な事故や渋滞にも対応して、新しい配送計画を立てることも可能になります。

以上のように、ＩｏＴで運輸システムは改善され、企業と顧客の双方が大きなメリットを得られるようになるでしょう。

電子タグでスマート倉庫管理

ＲＦＩＤ（Radio Frequency Identification：自動認識技術）を活用して、倉庫内の業務の効率化や作業精度向上も実現します。

倉庫内で荷物を移動させるのは大変な作業です。そこで、作業員の肉体的負荷を軽減するために開発された台車型ロボットに、ＲＦＩＤを組み合わせます。

従来のピッキング作業においては、作業員がバーコードリーダーで商品のバーコードを読み取り、確認していました。そのため作業ミスが頻発しており、効率が良いとはいえません。

そこでＩｏＴを活用し、作業員はタブレット端末に表示されるアイテムに従いながら、ピッキング作業を行うようにします。すると、台車型ロボットに搭載されているＲＦＩＤリーダーが、その場で自動的に正誤を確認してくれます。これによって検品まで、一括で終了することができます。当然、検品ミスや誤配のリスクも低減するでしょう。

また、夜間に台車型ロボットが決められた経路を自動的に移動し、在庫棚をスキャン、そうして在庫管理を行うこともできます。さらに、この台車型ロボットに搭載する様々なセンサーから得られる、作業員の移動距離、経路、稼働時間などのデータと、在庫やロケーション情報を組み合わせれば、業務効率を改善したり、倉庫のレイアウト変更に役立てたりすることもできます。

倉庫もＩｏＴ化によって劇的な変化を遂げることになるでしょう。

ドローンで宅配や測量も可能に

アマゾンなどのネットショッピングが定着しました。パソコンで注文するだけで家に品物が届くのですから、便利な世の中になったものです。

しかし、大変なのは運送会社。注文された品物を一軒一軒に配達しなければならず、届け先の不在も多いといいます。当然、その場合は再配達しなければならず、宅配サービスに従事する人々の過酷な労働環境に関する報道も、少なくありません。

しかし、ＩｏＴの普及によって、この問題も解決されていくはずです。今後は人ではなく、ドローンが品物を運ぶ時代になるからです。

現在、千葉市は「ドローンによる宅配サービス・セキュリティ」という構想を掲げています。同市のウェブサイトによると、この構想には二つの取り組みがあるようです。

一つは「水平的取り組み」で、幕張新都心に近接する東京湾臨海部の物流倉庫から、ドローンにより海上（約一〇キロ）や花見川（一級河川）の上空を飛行し新都心内の集積所まで運ぶ構想です。

そしてもう一つは「垂直的取り組み」で、幕張新都心若葉住宅地区内において、ドローンによる超高層マンション各戸への生活必需品などの宅配や、侵入者等に対するセキュリティサービスの実施を行う構想です。

また、「処方箋医薬品や要指導医薬品のドローンによる宅配」の構想もあるとのこと。これは今後、間違いなく実現することでしょう。それも千葉市だけでなく、日本全国で実現する日がやってきます。

その際に主役となる技術は、当然、ＩｏＴです。日本全国の倉庫で、注文の受け付けから品物の取り出しや搬出まで、ＩｏＴの技術を用いて管理するのです。

たとえばネットショッピングサイトから注文が入ったとします。すると商品管理をしている倉庫では、ロボットが自動的にその品物を倉庫内から取り出し、配送のためのドローンへと運びます。そして届け先の情報もドローンに送る。するとドローンは「ドローンポート」と呼ばれる発着所から自動運転で飛んでいき、注文者のもとへと品物を運ぶ。これならその日のうちに届けることも簡単です。

ドローンをめぐる動きは他にもあります。たとえば日本では、大規模公共土木工事で、ドローンを活用して測量を行うことが義務付けられるようになりました。

また国土交通省は、道路建設などの公共事業で、ドローンや自動制御のショベルカーなど先端技術を利用するよう呼びかけています。そして、二〇二〇年にはそれらすべての工事で導入を義務付ける計画となっており、工事の生産性は五〇％程度、改善される見込みです。現在、数日かけて行っている測量も、数十分に短縮することができるため、土を掘ったり固めたりする作業効率も五〇％向上、人員は三分の一に減らせる見込みです。

ドローンをタクシーや災害に活用

ドローンの自動運転が進化すれば、やがて人を乗せて飛行するようになるでしょう。航空機は、国内線や国際線を問わず、やがて自動化されることになるはずです。

現在、多くの企業が「スカイカー」と呼ばれる小型飛行機を開発しています。滑走路を必要とするタイプと、地上から垂直に飛ぶことができるタイプに分かれますが、自動運転が前提になっています。安全確保のためにも、自動運転は受け入れられていくだろうと予測しています。

それだけではありません。いずれ自動運転によるエアタクシーも実現するはず。自宅からエアタクシーを手配すれば、目的地まで空のルートで運んでくれる。当然、渋滞を心配する必要もないので、これは大きな売りとなるでしょう。

こうした話は夢物語ではありません。経済産業省も国土交通省も、本気で考えているようです。実際、二〇一八年には、空飛ぶ自動車を実現させる第一歩として「空の移動革命に向けた官民協議会」を設立しました。同協議会は、設立の目的を以下のように謳っています。

〈空の移動を可能とするいわゆる〝空飛ぶクルマ〟の実現に向けて、世界的にも関心の高まりがみられ取組が進められる中、日本においても人や物の移動の迅速性と利便性を向上させるとともに、新たな産業を育成し、世界の市場で稼げるようにするため、官民の関係者が一堂に会する「空の移動革命に向けた官民協議会」を設立〉

要は、〝空飛ぶクルマ〟を実現させるために、必要な技術や法制度の整備について議論するわけです。一歩一歩着実に進んでいるといえるでしょう。

加えて、ドローンは、災害時の避難手段としても活躍するようになります。

東日本大震災では巨大津波が東北を襲い、多くの人が犠牲になりました。現状では、津波警報が出た際には、人は高台などに避難するしかありません。しかし今後は、よりスピーディーに安全に避難できるよう、ドローンが誘導してくれるようになるはずです。

たとえば自宅にいるときに大地震が発生、津波警報が出たとします。すると住民は家に設置していた避難用ドローンを持って外に出る。そしてドローンと自分の身体をベルトで固定し、スイッチを入れるだけでドローンは自動運転で上昇、安全地帯まで避難することができるようになるわけです。

この際、ドローンはインターネットともつながっているため、現在いる場所を即座に把握してベストな避難場所を見つけ出し、安全かつスピーディーに避難できるようになります。

震災のときに活躍するのは避難用ドローンだけではありません。東日本大震災では、最初の数日間、陸路や空港が壊滅状態となり、被災者に物資を届けられませんでした。しかし今後は、ドローンによって食料、衣服、寝具などを大量に運べるようになるでしょう。というのも、ドローンは離着陸時に滑走路を必要としません。ほんの少しスペースがあるだけで運行できるのです。

また、緊急時に人を救うという点では、ドローンは救急車の代わりになるかもしれません。救急患者を自動運転で運ぶのです。するとエアタクシーと同様、渋滞などは心配せず、指定の病院まで運べます。

このとき、先述したＩｏＴの技術で健康管理をするサービスと併せれば、その人の病状がすべて分かります。だから、自動運転で運びながら適切な応急処置を施すことも可能になるはずです。

ドローンツーリズムとは何か

ドローン関連事業に特化して投資する専門ファンド「ドローンファンド（Ｄｒｏｎｅ Ｆｕｎｄ）」も、ドローンの可能性を描いています。

同ファンドによる「ドローン前提社会の実現とエアモビリティ社会の到来」という資料では、〈ロボットが空を飛んでいたり、人が乗った車やバイクが空を飛んでいたり。（略）私たちの力で、一緒につくっちゃいませんか？〉と呼びかけています。そして、ドローンの活用例として、ワクワクするようなイメージを挙げています。

たとえば「ドローンツーリズム」です。ドローンが観光地を飛行しながら撮影する動画を、リアルタイムで配信。脚が不自由で旅行するのが難しい高齢者も、VRゴーグルで動画を見れば、まるで本当に旅行しているような気分になれるサービスです。

ちなみにVRゴーグルは、今後ますます進化するでしょう。現在、グーグルはスマートグラス（Glass Enterprise Edition）を製造し、業務向けに販売しています。これはメガネの形のヘッドアップディスプレイで、メガネのように装着するだけで、文章や画像、あるいは映像が映し出されます。これが普及すると、歩きスマホは減るでしょう。歩きながらスマホの画面を凝視せずとも、前を向きながら、同時にレンズに映し出された情報を得ることができるからです。

話をドローンに戻します。先の資料によれば、子供を見守るドローンが誕生するかもしれません。たとえば、公園で遊ぶ子供を上空で追尾しながら見守り続けるのです。これによって誘拐事件は減ることになるはずです。

その他にも、飼い主の代わりにドローンが犬を散歩させたり、あるいは日傘を装着したドローンが人間を追尾し、傘を持たずとも日除けができるというイメージ画も描かれています。

また、この資料では、無人飛行機についても解説しています。二〇二〇年には、アメリカのセイバーウィング・エアクラフト・カンパニーのカーゴ型無人エアモビリティ「Ｄｒａｃｏ」が、福島県からカリフォルニア州まで長距離飛行することが決まっています。そして、このＤｒａｃｏの発展型によって、二〇二五年には宅配事業会社の物流が二四時間体制で行われるようになるのではないか、と予想しています。

また、同じ二〇二五年、エアタクシーや幼稚園送迎サービスの実現も予想しています。もちろん実現するには、法整備など、課題は山積みです。が、そう遠くない将来、ドローンは私たちにとって欠かせないものになるでしょう。

こうした未来を実現させるためには、蓄電池やモーターと並んで、それらをコントロールするパワーデバイスを現在より進化させなければなりませんが、それらパワーデバイスも、やはり日本企業の独壇場なのです。

ドローンで農業の知見をデータ化

農業にＩｏＴを活用し、水や肥料を節約できるようになると述べましたが、加えてドローンの登場で、農業は劇的に変わるでしょう。

農業では、営農者の経験と勘が作物の収量や品質に大きく影響します。熟練の営農者は、経験と農法の探究を通じ、作物の状態や天候などから、その時々に作物にどのような対応を行うべきか熟知しています。

こうした農業の知見は、書き物にして残すことが難しいものです。従来、農業を始めたばかりの人は、一〇年以上の歳月をかけ、先人の背中を見ながら、知見を学んでいました。

それが今後は劇的に変わります。たとえば、ドローンで撮影した農地の映像を分析し、作物の生育状況を確認し、より少ない労力で収量と品質を上げることができるようになります。加えて、熟練の営農家とその後継者が情報を共有すれば、目に見えるかたちで知見の伝承が実現するのです。

農地の情報を入手するには衛星画像を利用することもできますが、その解像度が数メートル程度であるのに対し、低空を飛行するドローンなら、ミリ単位の解像度で画像情報を提供することもできます。

すると、農地の一部でスポット的に発生している生育異常などは、衛星に比べてより精密に検出することができます。今後、さらにドローンが農業に活用されていくことは間違いありません。

また、ドローンで撮影した画像をクラウド上で解析して農作物の状態を把握し、地図上に表示する。この地図を解析すれば、病害虫の発生や収穫適期を判断することができます。加えて、肥料の量を抑えながら収量と品質を上げることもできます。さらには、農地全体への見回りが不要となるので、労働力の軽減にもつながります。

以上のように、今後、農業のかたちはどんどん変わっていくでしょう。

コンサートに合わせて電車を増発

さて現在、日本の鉄道は世界一の正確さで、時刻表通りに運行されています。しかし、たとえば台風など悪天候に見舞われると途端にダイヤは乱れ、混乱します。が、鉄道車両をインターネットにつなげ、鉄道をIoT化していけば、この状況は一気に改善されることになるでしょう。

鉄道のIoT化が実現すれば、目的地への時間が短縮されます。遅延が劇的に少なくなるためです。人の動きを予想できれば、混雑による遅延も減少することになるでしょう。

まず、人の流れをデータ化します。曜日や時間帯により、どの程度の人が、どこからどこまで行くのか、利用客の傾向をより細かく、より正確に把握できるようにするのです。

また、いま現在、どの程度の人がどこにいるのか、どこに向かっているのか、その最新情報を把握するようにします。すると、どの路線の、どの方面に向かう電車が必要なのかが判明し、必要とされる電車の本数を増やすこともできます。もちろん、その逆も可能。利用客が少ない路線を把握し、電車の本数を減らす措置を取るのです。

現在、気象状況の影響を受けてダイヤが乱れることが多々あります。二〇一八年九月三〇日には、台風二四号の接近に伴い、ＪＲ東日本が、午後八時以降の首都圏を走る在来線を、すべて運休したこともありました。

このときは、すべて運休という判断に至ったわけですが、ＩｏＴによって鉄道各社がより正確な台風情報を得られるようになれば、もう少しフレキシブルな判断ができるようになるはずです。すると、利用客への影響も最低限に抑えられるようになるでしょう。

場合によっては振り替え輸送のようなかたちで、台風の被害の及ばない別ルートでの電車運行もあるでしょう。いま置かれた状況下で、リアルタイムの情報をもとに、最善の運行が実現するようになるのです。

また、東京ドームや日本武道館で人気アーティストのコンサートがあるときなどは、終演時間直後に電車の本数を増やすことも実現できるかもしれません。やはりリアルタイムの情報から人の流れを把握し、状況によってフレキシブルなダイヤを作るので、より快適に電車に乗れるようになるということです。

鉄道のＩｏＴ化は、人々の暮らしを、さらに便利に変えていくことでしょう。

ＩｏＴでバスのダイヤを最適化

少子高齢化によって、自動車や公共交通機関の利用者減少が懸念されています。そのため道路・交通事業者は、利用者の利便性を損なわずに路線を最適化するなどの、将来の経営課題を抱えています。

ＩｏＴを活用すれば、高速道路事業者は、料金所間の交通量、目的地までの所要時間、車両の速度変化による渋滞発生状況の可視化などで、利用者へのサービス向上が図れます。

また、バス事業者は、区間ごとの輸送需要と輸送能力の関係を分析することで、バスの運行状況の可視化、利用者の属性（乗車券の種別から、学生、通勤客、高齢者を識別）に応じた路線やダイヤ編成の最適化が可能になります。

さらに、道路情報や旅客動態に関するデータを使用することによって、バスの新規路線開設の事業計画を支援することも可能になります。もちろん、このデータは渋滞緩和にも活用できます。

日本では交通渋滞による経済損失が年間一二兆円にも上ると試算されていますが、これを少しでも削減する施策は、スマート社会への第一歩と位置付けることができるでしょう。

航空事故が根絶される

ＩｏＴによって航空機の製造が効率化することは先に述べました。しかし、航空業界の進化はこれに留まりません。航空機の飛行も、より正確に、そしてより安全なものに変わります。

まず離陸前に天候や気流の情報を入手し、さらに、いま飛行している世界中の航空機からもリアルタイムでデータを集め、乱気流などを避ける。すなわち、最も安全かつ飛行時間の短いルートを選ぶことができるのです。これは利用客にとって大きなメリットとなるでしょう。

また、航空機自体のメンテナンスもＩｏＴ化します。たとえばエンジンや機体にセンサーを付け、インターネットにつないで管理すれば、機体からの異常な振動などを瞬時に察知してくれます。

また、機体のどの部分に不具合があるのか、それが事前に分かるようになります。これによって、定期検査の必要性もなくなるでしょう。

このように、人手を使わずとも、飛行機のメンテナンスは完璧に行われるようになるでしょう。当然、人為的ミスもなくなり、機体のトラブルによる航空事故は将来、根絶されることになるはずです。

ＩｏＴ社会で先行する小松製作所

建設機械メーカーの**小松製作所**は、自社製品の稼働状態を確認するために導入したシステム、コムトラックス（ＫＯＭＴＲＡＸ）装備車両から届くデータを蓄積しながら管理しています。

そもそもの始まりは、小松製作所製の油圧ショベルを無断で操作し、ＡＴＭ（現金自動預け払い機）を破壊して現金を奪うといった事件が日本で多発したこと。その対策として、小松製作所は建設機械にＧＰＳと通信システムを付けるようになりました。すると、その稼働状況が本社に集まるようになったのです。

これにより、たとえば小松製作所の車両を購入した業者が、不具合などを指摘して難癖（なんくせ）を付け、代金を踏み倒そうとすることもできなくなりました。なぜなら、その稼働状況を正確につかむことができるからです。

また、小松製作所のシステムには遠隔操作機能も備わっているため、代金を支払わない業者の車両を動かせなくすることもできます。

その他にも、車両の使用状況などから部品の取り替えを助言するなど、事故の予防にもつながっています。つまり、今後のＩｏＴ社会で一般化されるサービスに近いことを、小松製作所はすでに実現しているのです。

近い将来、ショベルカーなどの重機は、自動運転になっていくと思われます。工事現場や建築現場の無人化、そして自動化が進むのです。そうなると、工事現場の事故で人が犠牲になることもなくなるでしょう。

さらに、現場によっては二四時間フル稼働で工事を進めることもできるので、工期を短縮することも可能になります。結果、瞬（また）く間にビルやマンションが完成する、そんな時代がやってくることも確実です。

IoTで家電のコードは不用に

さて現在、自宅でパソコンやスマホなどを充電する際には、専用アダプタや充電器を使い、コンセントと本体をつないで行うのが一般的です。しかし、今後はワイヤレスの状態で充電ができるようになるでしょう。自宅の床や壁から電力が伝送されるようになるからです。

そう、パソコンがWi-Fiでネットワークに接続するのと同様、ワイヤレスで充電を行う時代が訪れるのです。

これは充電に限ったことではありません。たとえばテレビや壁掛け時計、あるいはお掃除ロボットも、床や壁から電力を得ることによって稼働します。これからの時代、延長コードなどは無用の長物になるでしょう。

また、冷蔵庫や掃除機などの家電からもコードが消え、それと同時に、コンセントの近くに配置する必要もなくなります。部屋のどこに置いても、無線で電力を確保できるようになるからです。そうなると、部屋の模様替えも、いまよりずっと楽になることでしょう。

このような話を聞くと、漏電や電気代の高騰を心配する人がいるかもしれません。しかし、心配は無用。インバータの技術を用いて、必要なときに必要な分の電力しか使わないからです。

たとえば、住人が不在のときは電源を自動的にオフにする。そして住人が帰宅したのをセンサーが感知すると、部屋の電子機器に電力を送る。すると、テレビやパソコンの電源がオンになったり、あるいはポケットに入っているスマホも自動的に充電されるようになるのです。

また、家電がＩｏＴ化されると、遠隔操作が可能になります。たとえば、会社帰りに最寄り駅に近づいたら、スマホで自宅の給湯器を操作してお風呂に湯を張り、帰宅と同時に入浴することも可能です。あるいはＩｏＴ化された炊飯器やオーブンレンジを操作することで、一人暮らしの人でも、帰宅と同時に出来たての温かい食事を食べることができます。本当に、すごい時代になったものです。

走行中の自動車に給電する技術も

電力の話は自宅に限ったことではありません。街中の至るところに電気が流れ、伝送される時代がやってくるかもしれません。それも、動いているものを対象に電力を伝送するのです。これが実現したら、走行中の自動車に電力を供給することも可能になります。すると、バッテリーは小型化します。停車中あるいは走行中に、順次、給電できるようになるからです。

現在の電気自動車は、カーディーラーの他、コンビニやスーパーマーケットなどに設置された充電スタンドから給電しています。しかし、公道で、無線方式で電気が得られる時代になれば、たとえば信号待ちしている一分間に、信号機から急速充電できます。そんな時代も、もう夢ではありません。

あるいは、高速道路を走行中に充電する。高速道路の路面や中央分離帯、壁面から、走行中の自動車に電力を送るのです。すると、わざわざ充電ケーブルを自動車に差し込んで充電せずとも、運転しながら必要な電気を給電できることになります。もちろん、歩行者や近隣住民の人体に影響が出ないようにしなければなりませんが。

当然、このような膨大なシステムの管理は、ＩｏＴだからこそ実現が可能になります。

この無線で給電する技術が向上すれば、工場に設置された機械やロボットなどにも電力を送れます。特にロボットの場合、稼働を止めて充電する必要がなくなるため、二四時間体制で稼働させることができるようになります。

また、工事現場などでも活用されるでしょう。電動化されたブルドーザーやクレーン車は無線で給電され、やはり長時間稼働することが可能になり、結果として、工期の短縮につながることになるわけです。

さらに医療。たとえば心臓のペースメーカーは電池で動いていますが、病院や自宅、あるいは公道でも無線で給電できる時代がやってくると、いきなり電池切れになるリスクがなくなります。

IoTが秘書になる時代

このように、IoTの可能性は無限です。今後は、個人秘書のような役割を果たすことも可能になります。

現在、「アマゾンエコー」という商品があります。話しかけるだけでリモート操作が可能なスマートスピーカーです。「アレクサ」と話しかけると、音楽を再生してくれたり、アラームをセットしてくれたり、天気予報やニュースを読み上げてくれる優れものです。

IoTの技術を使えば、これを進化させて、秘書の役割を担わせることも可能です。仮にこれを「ＩｏＴセクレタリー」と呼びましょう。

このＩｏＴセクレタリーは、ユーザーの生活パターンを学んでいきます。そのため、ユーザーから話しかけられなくても、ユーザーの求めていることを理解し、自動的に動いてくれるようになるでしょう。

たとえばユーザーが起床する時間を把握し、自動的にアラームを鳴らしてくれます。またユーザーは、自宅の家電をＩｏＴ化しておけば、ＩｏＴセクレタリーは家電に指示を出してコーヒーを淹(い)れ、トーストも焼いてくれます。もちろんテレビは、お好みの番組を点(つ)けてくれるようになるでしょう。

さらにＩｏＴセクレタリーは、ユーザーのスケジュールもきちんと管理してくれます。何月何日の何時にどこに行くか、ユーザーが音声で伝えておけば、当日は出発時間を提示してくれるでしょう。

当然、ＩｏＴセクレタリーは常にインターネットにつながっているため、最新の情報を踏まえたアドバイスをしてくれます。つまり、リアルタイムの天候や渋滞情報などに鑑(かんが)み、何時に出発すべきか、どのルートで向かうべきか、それらも教えてくれます。たとえばＪＲ山手線(やまのて)が遅延して混雑していたら、迂回ルートと出発時間を提示してくれるというわけです。

またＩｏＴセクレタリーは、その日の要件に合わせたアドバイスもしてくれるようになります。たとえば、仕事で久々に得意先のお客さまと会うとしましょう。すると、そのお客さまの特徴や趣味などを思い出させてくれるようになります。このように、まさに秘書の、いやそれ以上の役割を果たしてくれるのです。

さらには、出かけた先の美味しいレストランや、お勧めの飲み屋さんまで教えてくれます。自分のスケジュールだけインプットしておけば、至れり尽くせりの助言をしてくれるというわけです。

そして、ＩｏＴのすごいところは、ユーザーの趣味や行動パターンを日々学んでいくということ。そのため自分が求める情報の精度も、日に日に高まっていくことになるでしょう。

熟練保全員の勘をデータ化すると

次は設備保全の話です。

熟練の保全員は、設備の作動音で好不調を聞き分けることができます。片やＩｏＴを使えば、機器の部品の交換前と交換後の試運転で動作音と振動を収集、それを数値化して、不具合がある箇所の特定ができるようになります。

先述した農業と同様、従来の「勘と経験」によるものから、「データと原理原則」に基づく設備保全ができるようになるのです。

たとえば生産で欠かすことができない金型は、設備の稼働に伴い摩耗が発生します。当然、定期的に交換が必要になりますが、最終的な判断は保全員の経験則に依存してきました。工場内の環境や生産条件によって摩耗の進行も異なるので、こうしたことからも、保全員の経験則がリスペクトされてきました。

ここに、IoTの技術を用いるのです。金属摩耗の原理原則と設備稼働のデータから損傷予測式を定め、交換時期を特定するようにします。これによって、予備部品の余剰によるコスト高を抑制することができます。

こうした施策の結果、製造コストが一五%程度も削減される事例が出ています。

漁場近くにセンサー付きのブイを

次は漁業に活用されるIoTの話です。仙台市に本社を置く**アンデックス**の海洋環境可視化システムを参考に解説します。

　養殖品の収量や品質に密接な関係がある海水温や塩分濃度を測定するには、毎回、船を出さなければなりません。しかし、手間がかかるのに加え、十分な回数の測定が実施できません。そのためデータの精度が低く、変化も読みづらい面があります。

たとえば海苔(のり)の養殖の場合、採苗期(さいびょうき)（九月から一〇月、養殖で使用する海苔網に海苔の胞子を付着させる時期）に海水温が下降しない年は、海苔の枯死が発生します。よって、海水温の監視は死活的に重要なのです。

　この海水温と塩分濃度については、漁業協同組合から常に提示されています。しかし、データは限られたエリアで測定されており、漁師の養殖漁場と一致しないことも多い。当然、判断材料にならない場合もあります。

　もちろん漁師からは、自分の漁場のデータを常に把握したいという要望がありました。そこで、漁場近くに各種センサーと通信モジュールを搭載したＩＣＴブイという装置を設置し、一時間に一回、データをサーバーへ送信するクラウドサービスが導入されました。このサービスでは海のデータを可視化して提供し、漁師が次に行うべき対応が決められるようになっています。

塩分濃度や栄養塩が低下すると、海苔が色落ちし、価値が下がってしまいます。このとき、すでに海苔が十分に育っているのであれば、影響が出る前に収穫することもできます。

また、海水の塩分濃度が低下すると、海苔の新芽が育たないケースがあります。このようなときは濃い塩水を散布するのですが、このタイミングを正確に判断することもできます。

こうした施策が効果を上げ、船を出すコストと作業時間が大幅に削減され始めています。

世界の水産物消費量は、人口増加と魚食の普及により、この二〇年間で倍増しました。天然水産資源を対象とした漁獲量は横這いなのに対し、養殖業は世界が必要とする消費量の約半分を担うほどに拡大しました。海外では、中国の淡水養殖やノルウェーやチリのサーモン養殖などで、生産量が大幅に増加しています。

養殖にＩｏＴを活用するには、まず養殖場の環境条件や生け簀内の魚の尾数と成育状況を測定します。そうしてＡＩを活用し、給餌の量とタイミングの最適化を図り、増肉係数（魚を一キロ生育するために要した餌の重量）の低減を目指すのです。

生け簀内には水中カメラおよび環境測定センサーなどＩｏＴ機器を設置し、各種データを測定します。

養殖場の環境条件の項目には、海水温、潮流、波高、濁度、溶存酸素濃度、塩分濃度、日照などがあります。また、生け簀内の魚の尾数や体重、病気、食欲といったデータも必要になります。

農業や漁業では、これまで、従事者の経験知から作業の方針が決められてきました。が、今後はＡＩを活用し、従事者の判断をサポートするようなシステムが普及していくでしょう。

橋梁やトンネルにもセンサーを

さて日本では、二〇一二年一二月の中央自動車道笹子(ささご)トンネルでの天井板崩落事故を機に、橋梁(きょうりょう)やトンネルの点検強化が義務化されました。インフラの老朽化もあり、いまその維持管理の重要性が高まっているのです。

道路を管理する際、現在は目視点検の他、専用の路面性状測定車によって劣化状況を調査しています。前者は低コストですが、正確な調査が困難です。逆に、後者は正確な調査は可能ですが、高コスト。しかし、道路の八〇％以上を占める市町村道を管理する地方自治体では、すべての道路を調査しなければなりません。

そこでIoTの出番です。

橋梁やトンネルにセンサーを取り付けて、振動、温度変化、圧力変化をモニタリングし、点検に活かすことができます。センサーが異常をきちんと知らせてくれるため、修理もしやすくなります。

また、商用車にスマホやカメラを搭載、加速度センサーから路面のデコボコを計測し、異常箇所の検出を行うことも可能です。車載カメラで路面の画像を撮影し、地図上に表示するとともに、舗装状態の悪い区間や異常箇所を画像で確認できるわけです。これにより、事故の低減や補修費用の削減が期待できます。

第六章　革命を起こす日本のＩｏＴ企業群

世界の電力不足が顕著になる時代

この章では本書のまとめをしながら、世界に誇る日本企業を紹介していきたいと思います。

これまで半導体市場を牽引してきたパソコン、携帯電話、デジタル家電などの電子機器は、個人や会社が所有するものでした。しかしＩｏＴ社会は、それらを広範につなげて利用することを前提としたものです。つまり私たちは、電子機器が所有から共有に変わる時代の入り口に立っているのです。

前記のような電子機器の成長は、もうしばらく継続するでしょう。ただ、牽引役は徐々に自動車、産業機器、インフラ、医療機器などに代わると見ています。それと同時に、求められる半導体にも変化が現れます。

また現在、電力需要がどんどん拡大しています。そのため二〇二〇年以降、世界で電力不足が顕著になることは確実です。というのも、ＩｏＴの普及によってビッグデータが活用されるようになれば、サーバーやストレージが必要になり、より多くの電力が必要となるからです。

世界を見渡すと、中間層と富裕層の人口が増加しています。経済産業省の「通商白書二〇一三年版」によれば、二〇一〇年から二〇二〇年にかけて、世界全体でこの人口が四四億八〇〇〇万人から五八億九〇〇〇万人に増加するとしています。結果、電力需要はうなぎ登りに増加するでしょう。

しかし、電力の供給能力には限界がある。そこで注目されるのがＩｏＴなのです。ＩｏＴの技術を活用して、スマートな社会、交通、製造、医療、農業などを実現し、エネルギー消費を削減するのです。

たとえば半導体では、これまでは微細化の競争でした。しかし、今後は低消費電力化やモジュール化が重要になり、それを実現するためには新しい素材の開発が必要です。電子素材の分野では、日本企業が大きな強みを持っています。

またＩｏＴの時代には、パソコンやスマホのように大量生産を行うのではなく、多品種少量生産が主流になります。これも、現在の日本が得意とする分野です。

そう、ここまで述べてきた通り、日本にはＩｏＴ産業に不可欠なレガシー半導体、電子部品、モーター、電子素材の四つの分野を得意とする企業が揃っています。では、具体的にどのような企業が挙げられるのか、それについて本章では語っていきたいと思います。

半導体製造装置の好調企業

まず半導体を造る際に必要となる製造装置では、二〇一八年の世界の売上高トップテンに、日本企業が五社も入っています。

なかでも好調な日本企業は、**東京エレクトロン**です。二〇一八年七月二六日の「日本経済新聞・電子版」は、「東京エレクトロン、半導体製造好調」と題した記事を掲載、以下のように報じています。

〈半導体需要の増加を追い風に、主力の半導体製造装置の販売が好調。液晶パネルなどディスプレーの製造装置も好調。増収〉

同社はエッチング装置を造っています。エッチング装置とは、薬液や反応ガスなどの化学反応によって、回路パターン通りにエッチング（化学腐食や蝕刻）加工する装置です。現在、メモリ半導体の三次元化という新たな製造方法が確立されたことにより、使用される台数が一気に増えています。

また今後、注目されることが確実なのは、**ディスコ**などが製造しているダイシング（切断）装置です。自動車がＩｏＴ化され、積層セラミックコンデンサなどの電子部品やパワー半導体の需要が増えます。よって、こうした製品の製造に使われる切断装置の需要も旺盛になるでしょう。

毛髪の一〇万分の一の微細加工も

材料分野では、シリコンウエハとフォトレジストが脚光を浴びています。

シリコンウエハは半導体のもとになる素材。シリコンウエハに薬品を塗って、回路を転写して加工することで半導体は完成します。このシリコンウエハについては、**信越化学工業**と**SUMCO**が高い技術力を持っています。

フォトレジストは、光を当てると性質が変化する樹脂材料です。シリコンウエハ上に回路を現像するときに使用します。

またレジスト分野では、日本企業が八〇%を超えるシェアを持っています。レジストとは半導体製造などに欠かせない素材で、物理的・化学的処理に対する保護膜です。

なかでも**東京応化工業**や**JSR**が強く、二〇一八年末以降は最新の製造技術「EUV（極紫外線）露光」を採用した装置も顧客の工場で稼働しました。今後、レジストでも、高付加価値品の需要が増すことは確実です。

「週刊東洋経済」の二〇一八年六月三〇日号に掲載された記事「材料から装置まで席巻　日本勢の強みを大解剖　半導体編」を参考にすると、製造装置や素材で日本企業が強いのは、半導体を用途に合わせて、つまりカスタマイズして製造してきた経験があるからです。髪の毛の太さの一〇万分の一レベルの微細な加工を施し、顧客の求める高品質の半導体を提供するのは至難の業（わざ）です。韓国企業なども参入しているものの、日本企業が築いてきた信頼と品質は揺るぎません。今後も安泰（あんたい）な分野といえるでしょう。

製造装置や材料については、半導体メーカーとの共同開発も必要になります。日本企業の半導体におけるものづくりの伝統があればこそ、こうした開発も成果を得ているのです。

日本にとって重要な東芝メモリ

一九九〇年代に勢いがあった日本の半導体メーカーは、いずれも衰退してしまいました。DRAM分野では、中国、台湾、韓国の企業との投資競争に敗れ、すべての企業が撤退していったのです。

そんな深刻な状況下、**東芝メモリ（キオクシア）**は、自社が造り上げたNAND型フラッシュメモリで世界二位に上り詰めています。同社の現状と今後については、前記の「週刊東洋経済」の記事「奮闘する東芝とソニー　日の丸半導体に残された最後の砦」を参考に解説します。

東芝はＮＡＮＤ事業を分社、売却せざるを得なくなりました。アメリカの原子力事業での一兆円を超える損失を穴埋めするためでした。

そこで先述の通り、東芝メモリは二〇一八年六月、アメリカ投資ファンドのベインキャピタルを軸に、韓国のＳＫハイニックスが参加する日米韓連合の傘下で再スタートを切ることになりました。

このＳＫハイニックスは、もともと東芝のライバルでした。現在はＤＲＡＭとＮＡＮＤ型フラッシュメモリの分野で世界トップのシェアを誇っています。

東芝は二〇一七年度、旧メモリ部門が、発注ベースで六〇〇〇億円の設備投資を実施しました。が、サムスン電子の半導体部門の設備投資は約三兆円にも上ります。サムスン電子は、その圧倒的な資金力で生産能力を上げ、ＮＡＮＤ型フラッシュメモリのシェアを拡大しているのです。

以上のことから、東芝メモリがサムスン電子を打ち破って、一気にナンバーワンに上り詰めるのは難しいといえるでしょう。二位の座を死守するにも、毎年数千億円の設備投資が必要になります。

ただ、研究開発に活路を見出せるはずです。東芝メモリは世界で初めて最先端の三次元積層構造技術を発表しました。今後は、東芝メモリとＳＫハイニックスともに自社の得意分野を磨きながら、手を組んで発展していくべきです。

東芝メモリは、東芝本体にとってだけではなく、日本の産業界にとっても重要です。日本で最後の先端プロセスを開発している企業でもあります。

製造装置や材料の開発には半導体メーカーの協力が必要になるので、日本から先端プロセス開発をする半導体企業がなくなることは、大きな損失につながります。生き残りを懸けて闘い、世界一の企業を目指してほしいと思います。

世界一のソニーのセンサーとは

世界が羨むセンサーの技術を持つ**ソニー**についても、先述の「週刊東洋経済」の記事を参考に解説します。

ソニーには、技術力で常に他社の四年から五年先を走っているといわれる半導体「ＣＭ

OSイメージセンサー（相補型金属酸化膜半導体を用いた固体撮像素子）」があります。イメージセンサーとは、電子機器における網膜のこと。レンズから取り込んだ光を電気信号に変換するもので、デジタルカメラやスマホのカメラに使われます。

CMOSイメージセンサー市場におけるソニーの世界シェアは、金額ベースで五〇％を超えています（二〇一八年）。独自のアナログ技術と大規模な設備投資に支えられているのです。なかでも高価格帯のスマホ向けに強く、アップルやファーウェイなどのスマホメーカーは、ソニー製のCMOSイメージセンサーを採用しています。

しかし、スマホ市場は成熟期を迎えています。今後はCMOSイメージセンサーの成長率も鈍化する可能性があります。

そこでソニーは先進運転支援システムADAS（エーダス）や、自動運転車用カメラ向けのセンサーの開発に取り組んでいます。

人の目では捉えられない暗闇での障害物、あるいは遠方の標識などの検知を高解像度で行ってくれるもので、二〇一六年には**デンソー**向けの出荷を開始しました。レクサスLSなど、トヨタ車への搭載が始まっています。

デンソーは自社のウェブサイトで以下のように解説しています。

〈デンソーが開発する車載用画像センサに、ソニーセミコンダクターソリューションズ社のイメージセンサを搭載することで、カメラの高性能化を実現し、夜間の歩行者認識を可能にしました。これにより、重大な事故につながる可能性が高い夜間の歩行者事故の低減に貢献します〉

ソニーは確実に未来を見据えています。ただ、これからは自動運転システムにおけるライバル、すなわちインテル傘下のイスラエルのモービルアイ（Ｍｏｂｉｌｅｙｅ）、あるいはエヌビディアなどのアメリカ企業に立ち向かっていかなければなりません。

モービルアイには、アメリカのオン・セミコンダクターや中国のオムニビジョン・テクノロジーズなどが、センサーを供給しています。しかし二〇一八年一二月には、ソニーもモービルアイ対応の製品を出荷しました。今後に大きな勝負が待ち構えているといえるでしょう。

ＩｏＴ化をサポートする日本電産

ＩｏＴで生産性を向上させ、多品種少量生産に柔軟に対応しようとする動きは、世界各国で進められています。なかでもドイツは官民一体となり、産業改革プロジェクト「インダストリー4・0」を実施しています。

このインダストリー4・0が最終的に目指すのは、工場内の製造設備だけでなく、倉庫や販売店、そして流通経路に至るサプライチェーンのすべてをネットワークに接続することです。

そこでは自律・自動で製品が製造されるスマートな仕組みを構築し、多品種少量生産、あるいは一品一様のオーダーメイドを、大量生産と同じレベルのコストで実現する仕組みを作ろうとしています。

こうしたIoTの時代に生き残っていく可能性が高い企業といえば**日本電産**です。同社はIoTに舵を切っている企業のなかでも、その先頭を走る企業。あらゆるモノがインターネットに接続される状況を、製造現場に取り入れています。

日本電産はモーターと、それをコアにしたモジュールやユニット、あるいはロボットなどの製造装置や検査装置などを、世界に供給しています。こうしたハードウェアの豊富なリソースをベースとして、ビッグデータ解析などのソフトウェアを重ね合わせ、IoTを活用する計画を積極的に進めています。

また、同社は面白い試みにも取り組んでいます。二〇一八年にセゾン情報システムズとの共同事業として、「Simple Analytics（シンプルアナリティクス）」というサービスをスタートさせ、外販しているのです。

このサービスは、生産設備をはじめとした機器の動き方をセンサーから収集し、データを一元的に蓄積・管理してくれるもの。また、しかるべき分析をしたうえで、レポートも作ってくれます。

要は、どのようにＩｏＴを導入したらよいのか分からない企業や、ＩｏＴに不安を感じている企業などに、アドバイスを送ってくれるサービス。安価で導入が簡単なことから、いま導入する企業が増えています。

このように、日本電産は他社のＩｏＴ化をサポートしながら、自社の製品の性能を向上させ、ＩｏＴのスキルを高めているわけです。先述の通り、日本電産の商売の柱はモーターですが、ＩｏＴの分野で他社のサポートを始めたことが、ライバル企業とは決定的に違います。今後どうなるか要注目の企業です。

ガリバー村田製作所の方針転換

村田製作所は、セラミックコンデンサなどの電子部品で世界ナンバーワンのシェアを誇っています。そして、常に新製品を生み出している企業です。

同社は、「既存事業の拡大だけに頼っていては継続的な成長は難しい」と考えました。そこで同社が持っている技術の棚卸しを行い、どのような技術を持っているのかを詳しく調べました。すると、同社には二〇のコア技術があることが分かりました。

セラミックコンデンサでは、材料設計技術や積層技術といったコア技術を持っています。こうしたことが分かったので、その技術を用いて他にどのような新製品を生み出せるのか研究しているのです。

村田製作所の強さの秘密は、垂直統合にあります。つまり、材料から設計や生産までの技術を、すべて持っているのです。そのため、技術の詳細を機密とするブラックボックス戦略を採ってきました。この戦略を貫くため、製造装置の約九〇％を自社開発しているほどです。

しかし、ここ数年は、これまでと大きく違う戦略を採り始めました。ブラックボックス戦略とは対極にある、オープンイノベーション戦略です。協力相手に手の内を隠していては新しいことは始められない、そう考えたのかもしれません。

従来、オープンイノベーション戦略には二種類ありました。外から技術を持ってくる

「課題解決型」と、保有技術の使い道を探す「ニーズ探索型」です。

しかし、近年新たに「新規テーマ（価値）創出型」オープンイノベーションが生まれ、注目されています。その名の通り、新しい価値を生み出すためには何から始めたらよいのか、それを決める段階から社外の人と考えていく戦略です。

オープンイノベーションで狙うのは、「技術は持っているが、市場が形成されていない」領域です。つまり、既存の技術を生かして、新しい市場を創るということ。とはいっても、一社が保有する技術だけで新たな市場を創出することは極めて難しいでしょう。だからこそ、異なるコア技術を保有する他社と連携して、新市場を創り出すわけです。

その際には、まずは全体のゴールを設定し、細かい計画を練ります。たとえば二〇二〇年の東京では何が必要になるか、それを割り出す。そして、そのニーズを満たすためには、どのような製品が必要なのかを割り出す。これらのアイデアを出しながら、複数の企業で製品化を進めていくわけです。

これまでのパソコンやスマホ市場は、特定の企業が大きなシェアを持ち、限られた電子機器だけで世界市場を牽引してきました。一方、ＩｏＴの時代になると、中小を含めた多くの企業が、様々な製品を開発することになります。つまり、これまでとはまったく違う戦略が必要になるのです。

村田製作所は、この流れをしっかり把握しています。だからこそ、ブラックボックス戦略をやめてオープンイノベーション戦略に舵を切った。今後、同社は様々な企業と手を組み、数多くの新製品を生み出していくことでしょう。

アナログ技術に強いローム

電子部品メーカーの**ローム**は、長期にわたって低迷しています。

ロームはフロッピーディスク全盛の時代、モーター駆動用のＬＳＩ（大規模集積回路）の製造で、市場をほぼ独占していました。しかしフロッピーディスクは、ＨＤＤやＮＡＮＤ型フラッシュメモリに置き換えられました。ロームは、この流れについていけなかったのです。

しかし低迷の理由は、大きくいえばアナログからデジタルへの技術変換に乗り遅れたことです。テレビやラジオの機器においては、アナログ回路からデジタル回路に変わっていきました。その際、アナログ回路に強いメーカーは凋落していったのです。

苦しい状況にあるロームですが、利益水準は回復傾向にあります。というのも、同社には三つの強みがあるからです。

まずはアナログ技術の強み。このアナログ技術とは、モーターを回したり、電源の波形を作ったりするためのパワー半導体を指します。抵抗による力の損失を抑えながら、波形の歪みを極小にする技術です。

アナログ技術は職人技であり、多品種少量生産に分類されるものです。そのため高価な半導体製造装置や大きなシリコンウエハは必要ありません。工夫し試行錯誤する日本人特有の忍耐強さが活かされる分野といえましょう。そして、同社はこれを得意としています。

次の強みは品質の高さです。たとえばパワー半導体は、大きな電圧をかけると壊れてしまうなど、非常にデリケートな製品ですが、同社はバラツキのない高品質なものを造ることを得意としています。

そして最後の強みは一貫生産ができること。ロームではパワー半導体の原料となるウエハやフォトレジストも造っています。また、他のメーカーが外注に出す半導体パッケージの後工程も、自ら装置を開発して手掛けています。こうした一貫生産を行うことで、各プロセスの付加価値を細かく積み上げることができるのです。

今後、ロームのパワー半導体は、電気自動車やファクトリー・オートメーション（工場の自動化）、さらにはロボットなど、急拡大が期待できる分野に多用されることになります。

またロームは、シリコンカーバイド（ＳｉＣ）という素材を使って、強みを発揮しています。加えて、電気を一方通行に流す部品のダイオード、電界効果トランジスタの一つであるＭＯＳＦＥＴ（モスフェット）、あるいはバイポーラトランジスタという素子も開発し、世界で初めて量産に成功しました。極めてユニークな溝をウエハ上に彫ることで技術を蓄積していき、いまではシリコンカーバイドのパワー半導体のトップランナーになっています。

三菱電機など競合している企業は数社ありますが、量産技術や素材の内製などで他社を引き離す可能性があります。

シリコンカーバイドを使うことで、電源ユニットは大幅に小型化します。当然、軽量化や省エネ化にもつながり、電気自動車やロボットには欠かせなくなるでしょう。

こうした製品は昨今、新規に様々な分野での採用が決まっています。アメリカと中国の貿易戦争の懸念があるにもかかわらず、今後の営業益が上方修正になったのも、新規の需要を獲得していることが背景にあるのだと思います。

他社との連携に長けた京セラ

京セラと第二電電（現ＫＤＤＩ）創業者であり、日本航空（ＪＡＬ）名誉顧問を務める稲盛和夫（いなもりかずお）氏は、会社経営の実体験から、「アメーバ経営」という経営手法を編み出しました。これには「会社経営は一部のトップの人間のみが行うのではなく、全社員で行うべきだ」との考えが前提にあります。

アメーバ経営では、組織を五人から一〇人程度の小さな単位（アメーバ）に分けます。そして、それぞれが一つの会社であるかのように独立採算で運営されるのです。

京セラのウェブサイトによれば、〈アメーバ経営は、京セラをはじめ、稲盛が創業したＫＤＤＩや再建に携わった日本航空など約七〇〇社に導入〉されているといいます。

アメーバ経営のもとでは、社員は自分たちが担当する部門の利益を意識しながら創意工夫を重ね、経営にも参画するようになります。このアメーバ経営は京セラの代名詞になっていますが、事業そのものにも見所のある会社です。

京セラの主な事業は、電子デバイス、ファインセラミック部品、半導体関連部品、ファインセラミック応用品、通信機器、情報機器などで、幅広いものがあります。

そもそもはファインセラミック製造の専業メーカーだった京セラですが、M&Aを活用して事業領域を広げ、知名度を上げることに成功しました。

そんな京セラは、随時、取り組む事業の見直しを行っており、いったん買収した企業でも、その市場成長が終わると判断すれば売却し、新陳代謝を繰り返しています。

こうした京セラのM&A戦略は、IoT分野にうってつけです。なぜなら先述した通り、IoTでは他社と手を組むことが重要になるからです。そうした運営を行ってきた京セラは、その経験から、他社よりもスムーズにIoTの時代に適応していくことでしょう。

富士電機の省エネモーター

富士電機と**三菱電機**の半導体は、IGBT（絶縁ゲートバイポーラトランジスタ）というパワー半導体が主力製品です。今後、IGBTは、IoTの世界で重要なデバイスとして注目されることになると予測しています。
IoTでは、あらゆる機器がインターネットに接続され、エコな社会が構築されます。

そのなかで最も重要な消費電力削減のために、このＩＧＢＴを利用する。ＩＧＢＴはインバータというモーターを制御するシステムに用いられています。

二〇二〇年以降、この消費電力削減を目的に、ＩＧＢＴを利用することが顕著になると見ています。というのも、モーターの効率の基準を決めているのはＩＥＣ（国際電気標準会議）ですが、高効率基準のモーターをＩＥ４と定めており、各国のメーカーがそのＩＥ４のモーターを採用し始めることになる。そして、ＩＥ４にはＩＧＢＴが必須なのです。

富士電機は、この分野で勝ち残るための研究開発と設備投資を、着々と進めています。現在、ＩＧＢＴのシェアでは一位のインフィニオン、二位の三菱電機に遅れをとっていますが、巻き返しも十分可能だと考えています。

研究所を持つ三菱電機の強み

電機業界では昔から、「野武士の日立、商人の松下、侍の東芝、殿様の三菱」といわれてきました。三菱は競争心がない殿様だと揶揄（やゆ）されていたのです。しかし現在、三菱電機は、その売り上げを急速に伸ばしています。好調な理由は、組織が生まれ変わったからなのだと思います。

殿様といわれていた通り、三菱電機には、一位を目指さなくてはならないという気負いや、寝食を犠牲にしてまで働く必死さは薄いかもしれません。しかしその一方で、改革に迫られたときには、前に踏み出すことが重要だという意識が共有されています。だからこそ、ＩｏＴの時代に、社員が一丸となって立ち向かっていけるのではないでしょうか。

また、三菱電機には自社の研究所があります。近年は研究所を閉鎖する企業が多く、いまだに研究所がある同社は、今後のＩｏＴの時代には有利な立場に立つでしょう。「プレジデントオンライン」の記事「企業の活路【三菱電機】」を参考に解説します。

この三菱電機情報技術総合研究所の所員は八〇〇人、研究者の五分の一が工学博士という国内屈指の研究機関です。この研究所で開発された有名なものは、気象衛星の「ひまわり」。他に特筆すべきものとしては、空港の気流を観測する技術、新幹線でインターネット接続が可能になるデジタル列車無線などが挙げられます。

三菱電機は経営資源を、産業メカトロニクス、重電、家電の三部門に集中させました。そして、ＢtoＢにビジネスを集中させたのです。これもまた、同社の経営が好調な理由の一つといえるでしょう。

重電部門では、発電機、鉄道車両、そしてエレベーター。産業メカトロニクス部門では、ファクトリー・オートメーションや自動車機器。家電部門では、業務用空調機器や住宅機器が牽引役となっています。

一九九〇年代後半、三菱電機は他の大手電機メーカーと同様、半導体事業で大打撃を受けました。それを機に、収益の変動幅が大きい事業などを切り離すリストラを開始しました。

そして一九九九年にはパソコン事業から撤退、二〇〇三年には半導体のDRAMとシステムLSIの二事業を、それぞれエルピーダメモリ（現マイクロンメモリジャパン）とルネサステクノロジ（現ルネサスエレクトロニクス）に切り離しています。二〇〇八年には、携帯電話端末事業と洗濯機事業からも撤退しました。

その結果、強い分野をより強くする方向に進み、安定的な収益が見込めるBtoB分野に経営資源を集中する構造改革に成功しました。二〇〇二年から取り組んで、一〇年以上の歳月を費やして、やっと強さを取り戻したわけです。

IoTでは、BtoCからBtoBへと機器やサービスがシフトしていきます。いままでのパソコン、スマホ、テレビは、BtoCであり、個人が所有するものですが、IoTでは、スマート交通、スマート医療、スマートインフラ、スマート農業、スマート工場など、

ＢtoＢの機器やサービスが中心となります。

そう、まさに三菱電機が十数年をかけてシフトしてきた方向に合致しています。今後、ますます躍進するのではないかと予測します。

ダウ・デュポンを凌ぐ信越化学工業

生活用品からインフラまで幅広く使われる塩化ビニル樹脂（塩ビ）の製造で世界トップを誇る信越化学工業は、ウェブサイト「ダイヤモンドオンライン」によれば、〈営業利益率が高い。リーマンショックの後ですら二桁をキープ〉しました。

実際、二〇一九年三月期の営業利益率は二五・三％。製造業の平均四％と比べると、かなり高い数字を叩き出しています。さらに九期連続の増益で、好業績を維持し続けています。売上高に対する時価総額の倍率も、ダウ・デュポンといった世界の大手化学メーカーよりも高い水準にあります。

また、中期経営計画を発表しない一部上場企業は少数派ですが、同社は計画の発表は競合他社に手の内を明かすことになるという理由から、一切公表していません。しかし、斉藤恭彦社長がＳＭＢＣ日興証券の取材に答え、以下のように話されています。

まず、信越化学工業は、他社の手掛けていない特殊な製品を扱っているわけではありません。世界トップシェアを誇る塩化ビニル樹脂は、住宅の外壁やパイプなど、様々な製品の材料として使われています。

同じく世界トップシェアの半導体シリコンウエハも、電子機器には欠かせない半導体デバイスの材料ですが、これらの製品も同社だけが手掛けているものではなく、また造り方も他社とほぼ同じです。

信越化学工業の優秀性は、製品や装置といったハードそのものより、それらを設計したり動かしたりするソフトの力、つまりオペレーションにこそ発揮されています。

世界の顧客に、必要なときに必要な量の製品を、安定した品質で、双方にメリットがある価格で納める。その際、無駄な在庫を持たず、売り切る。このオペレーションをきっちりと継続してやり切っている化学メーカーなのです。

同社は徹底した少数精鋭主義でも有名です。代表的な子会社にアメリカの**シンテック**がありますが、必要最小限の組織と人員のため、不況期にもリストラを行う必要がありませんでした。

また営業担当者も必要最小限の人員で、経理および財務社員はたったの二人です。そして工場長は、人事、購買、総務などを一人で担当しています。

このように徹底した少数精鋭主義によって社員のやる気を引き出し、報酬制度で評価する企業経営とその半導体素材は、ＩｏＴの時代に輝きを増していくと思います。

あとがき——日本企業の復活は確実だ！

本書で繰り返し述べてきた通り、ＩｏＴにおいて、日本企業は明らかに有利な位置を占めています。ＩｏＴが普及する二〇三〇年ごろには、日本の産業界には、現在とはまったく違う景色が広がっているはずです。

これまで大きなムーブメントとなっていたパソコン産業では、日本企業ができることはほとんどありませんでした。インテルやサムスン電子などの企業が、圧倒的な強さを誇ってきました。しかし、そのような企業も、自動車や産業機器の分野でのステータスは築くことができませんでした。

だからこそ、日本企業にとって、いまがチャンスなのです。日本企業が自社の得意分野を磨き、自社にはない技術を持つ他企業と組めば、日本は必ず復活します。なぜなら、ＩｏＴ産業では、日本企業にしかできないことが多々あるからです。

ただし、インターネットに製品をつないでサービスを提供するには、やはりビッグデータが必要になります。そして、このビッグデータの管理については、アメリカのアマゾン、グーグル、フェイスブック、あるいは中国のテンセントなどが強く、当然、各社とも今後のビジネスとして狙っているはずです。こうした企業は製品を造ることはできませんが、データを扱うことに長けているため、優位に立つ可能性があるのです。

ゆえに、これらの企業を経由して、製品を売る手段を考慮する必要もあるでしょう。要するに一枚嚙んでもらうのです。

アマゾンやグーグルなどは、クラウドのサーバーを作っているため、膨大なビッグデータも集まります。インターネットに関するものは、データを持っている企業が優位だといえましょう。ならば日本企業は、彼らと手を組むのです。そうして自社のＩｏＴ製品を上手に売っていくのが得策なのではないかと思います。

インターネット産業は、アメリカが先導するかたちで様々なサービスが考案され、すでに出尽くした感があります。それはデータ管理についても同様。これに勝るものを考えて発展させるのは、不可能とさえいっても過言ではないでしょう。

また、ハードウェアがなければビッグデータは効率よく集まりません。日本企業は互いに連携し、電子部品を組み合わせて、モジュール化するのです。それが日本企業にしかできない技術であれば、ビッグデータを集めることよりも価値のあるものになるはずです。

ＩｏＴの時代は、ハードウェアやモジュールで稼ぐ日本が世界中から注目されるでしょう。

日本企業の技術は現在でも、いやＩｏＴの時代にはさらに、世界に誇るべきものです。少し発想を変えるだけで勝者になることは間違いありません。私はそう確信しています。

なお、「週刊東洋経済」の記事には、いつも触発されています。この場を借りてお礼を申し上げます。

二〇一九年八月

南川(みなみかわ)　明(あきら)

南川 明

1958年、神奈川県に生まれる。IHSマークイット日本調査部ディレクター。1982年、武蔵工業大学電気工学科卒業。米モトローラ社に勤務したあと、WestLB証券やクレディ・リヨネ証券などで、世界の電子機器産業や半導体産業の分析に従事。2004年、データガレージ社を設立し、2006年、米アイサプライ社と合併。2010年、同社が米IHS社の傘下に入る。「電子デバイス産業新聞」「電子ジャーナル」などで連載記事を執筆している。

講談社+α新書 811-1 C

IoT最強国家ニッポン
日本企業が4つの主要技術を支配する時代

南川 明

2019年8月20日第1刷発行

発行者——— 渡瀬昌彦
発行所——— 株式会社 講談社
東京都文京区音羽2-12-21 〒112-8001
電話 編集(03)5395-3522
販売(03)5395-4415
業務(03)5395-3615

カバー写真——— アマナイメージズ
デザイン——— 鈴木成一デザイン室
カバー印刷——— 共同印刷株式会社
印刷——— 株式会社新藤慶昌堂
製本——— 株式会社国宝社
本文組版——— 朝日メディアインターナショナル株式会社

定価はカバーに表示してあります。

落丁本・乱丁本は購入書店名を明記のうえ、小社業務あてにお送りください。

送料は小社負担にてお取り替えします。

なお、この本の内容についてのお問い合わせは第一事業局企画部「+α新書」あてにお願いいたします。

Printed in Japan
ISBN978-4-06-513632-4

講談社+α新書

病気を遠ざける！ 1日1回日光浴 日本人は知らない ビタミンDの実力
斎藤糧三
紫外線はすごい！ アレルギーも癌も逃げ出す！ 驚きの免疫調整作用が最新研究で解明された
800円 773-1 B

ふしぎな総合商社
小林敬幸
名前はみんな知っていても、実際に何をしている会社か誰も知らない総合商社のホントの姿
840円 774-1 C

日本の正しい未来 世界一豊かになる条件
村上尚己
デフレは人の価値まで下落させる。成長不要論が日本をダメにする。経済の基本認識が激変！
800円 775-1 C

上海の中国人、安倍総理はみんな嫌い だけど8割は日本文化中毒！
山下智博
中国で一番有名な日本人——動画再生10億回!!「ネットを通じて中国人は日本化されている」
860円 776-1 C

戸籍アパルトヘイト国家・中国の崩壊
川島博之
9億人の貧農と3隻の空母が殺す中国経済……歴史はまた繰り返し、2020年に国家分裂!!
860円 777-1 C

習近平のデジタル文化大革命 24時間を監視され全人生を支配される中国人の悲劇
川島博之
共産党の崩壊は必至!! 民衆の反撃を殺すためヒトラーと化す習近平……その断末魔の叫び!!
840円 777-2 C

知っているようで知らない夏目漱石
出口汪
きっかけがなければ、なかなか手に取らない、生誕150年に贈る文豪入門の決定版！
900円 778-1 C

働く人の養生訓 あなたの体と心を軽やかにする習慣
若林理砂
だるい、疲れがとれない、うつっぽい。そんな現代人の悩みをスッキリ解決する健康バイブル
840円 779-1 B

認知症 専門医が教える最新事情
伊東大介
正しい選択のために、日本認知症学会学会賞受賞の臨床医が真の予防と治療法をアドバイス
840円 780-1 B

工作員・西郷隆盛 謀略の幕末維新史
倉山満
「大河ドラマ」では決して描かれない陰の貌。明治維新150年に明かされる新たな西郷像！
840円 781-1 C

2時間でわかる政治経済のルール
倉山満
消費増税、憲法改正、流動する外交のパワーバランス……ニュースの真相はこうだったのか！
860円 781-2 C

表示価格はすべて本体価格（税別）です。本体価格は変更することがあります

講談社+α新書

「よく見える目」をあきらめない　遠視・近視・白内障の最新医療	荒井宏幸	劇的に進化している老眼、白内障治療。50代、60代でも8割がメガネいらずに！	860円	783-1 B
野球エリート　野球選手の人生は13歳で決まる	赤坂英一	根尾昂、石川昂弥、高松屋翔音……次々登場する新怪物候補の秘密は中学時代の育成にあった	840円	784-1 D
NYとワシントンのアメリカ人がクスリと笑う日本人の洋服と仕草	安積陽子	マティス国防長官と会談した安倍総理のスーツの足元はローファー…日本人の変な洋装を正す	860円	785-1 D
医者には絶対書けない幸せな死に方	たくきよしみつ	「看取り医」の選び方、「死に場所」の見つけ方。お金の問題……。後悔しないためのヒント	840円	786-1 B
もう初対面でも会話に困らない！口ベタのための「話し方」「聞き方」	佐野剛平	『ラジオ深夜便』の名インタビュアーが教える、自分も相手も「心地よい」会話のヒント	800円	787-1 A
人は死ぬまで結婚できる　晩婚時代の幸せのつかみ方	大宮冬洋	80人以上の「晩婚さん」夫婦の取材から見えてきた、幸せ、課題、婚活ノウハウを伝える	840円	788-1 A
サラリーマンは300万円で小さな会社を買いなさい　人生100年時代の個人M&A入門	三戸政和	脱サラ・定年で飲食業や起業に手を出すと地獄が待っている。個人M&Aで資本家になろう！	840円	789-1 C
サラリーマンは300万円で小さな会社を買いなさい　会計編	三戸政和	サラリーマンは会社を買って「奴隷」から「資本家」へ。決定版バイブル第2弾、「会計」編！	860円	789-2 C
名古屋円頓寺（えんどうじ）商店街の奇跡	山口あゆみ	「野良猫さえ歩いていない」シャッター通りに人波が押し寄せた！　空き店舗再生の逆転劇！	800円	790-1 C
少子高齢化でも老後不安ゼロ　シンガポールで見た日本の未来理想図	花輪陽子	日本を救う小国の知恵。1億総活躍社会、経済成長率3・5%、賢い国家戦略から学ぶこと	860円	791-1 C
マツダがBMWを超える日　クールジャパンからプレミアムジャパン・ブランド戦略へ	山崎　明	日本企業は薄利多売の固定観念を捨てなさい。新プレミアム戦略で日本企業は必ず復活する！	880円	792-1 C

表示価格はすべて本体価格（税別）です。本体価格は変更することがあります

講談社+α新書

人が集まる会社　人が逃げ出す会社　下田直人
従業員、取引先、顧客。まず、人が集まる会社をつくろう！　利益はあとからついてくる
820円 804-1 C

志ん生が語る クオリティの高い貧乏のススメ　昭和のように生きて心が豊かになる25の習慣　美濃部由紀子
NHK大河ドラマ「いだてん」でビートたけし演じる志ん生は著者の祖父、人生の達人だった
840円 805-1 A

精　日　加速度的に日本化する中国人の群像　古畑康雄
日本文化が共産党を打倒した!!　対日好感度も急上昇で、5年後の日中関係は、激変する!!
860円 806-1 C

古き佳きエジンバラから 新しい日本が見える　ハーディ智砂子
遥か遠いスコットランドから本当の日本が見える。ファンドマネジャーとして日本企業の強さも実感
860円 808-1 C

戦国武将に学ぶ「必勝マネー術」　橋場日月
生死を賭した戦国武将たちの人間くさくて、ユニークで残酷なカネの稼ぎ方、使い方！
880円 809-1 C

さらば銀行　「第3の金融」が変える お金の未来　杉山智行
僕たちの小さな「お金」が世界中のソーシャルな課題を解決し、資産運用にもなる凄い方法！
860円 810-1 C

IoT最強国家ニッポン　日本企業が4つの主要技術を支配する時代　南川明
レガシー半導体・電子素材・モーター・電子部品……IoTの主要技術が全て揃うのは日本だけ!!
880円 811-1 C

定年破産絶対回避マニュアル　加谷珪一
人生100年時代を楽しむには？　ちょっとのお金と、制度を正しく知れば、不安がなくなる！
860円 813-1 C

日本への警告　米中ロ朝鮮半島の激変から 人とお金が向かう先を見抜く　ジム・ロジャーズ
日本衰退の危機。私たちは世界をどう見る？　新時代の知恵と教養が身につく大投資家の新刊
900円 815-1 C

起業するより 会社は買いなさい　サラリーマン・中小企業の ためのミニM&Aのススメ　高橋聡
定年間近な人、副業を検討中の人に「会社を買う」という選択肢を提案。小規模M&Aの魅力
840円 816-1 C

「平成日本サッカー」秘史　熱狂と歓喜は こうして生まれた　小倉純二
Jリーグ発足、W杯日韓共催――その舞台裏にもまた「負けられない戦い」に挑んだ男達がいた
920円 817-1 C

表示価格はすべて本体価格（税別）です。本体価格は変更することがあります